普通高等教育电子信息类规划教材

电子技术综合实验教程

赵文来　主编
杨俊秀　副主编
李　进　鲍　佳　严国红　参编

机械工业出版社

本书是为适应电子技术实验课程改革的需要，在总结多年实验教学经验的基础上编写的电子技术实验教材。全书分为5章，内容包括常用电子元器件与电子仪器、电子技术基础性实验、电子技术提高性实验、电路仿真实验技术、电路的设计与调试的基本方法。

本书将实践技能的训练与理论知识相融合，同时配合计算机仿真实验，对学生的实践技能进行渐进式的培养，多方位地提高学生的实践能力。

本书可作为高等院校电子类与自动控制类专业学生电子技术实验教材及课程设计指导书，也可作为有关工程技术人员的参考用书。

图书在版编目（CIP）数据

电子技术综合实验教程 / 赵文来主编．—北京：机械工业出版社，2017.2（2025.8重印）
普通高等教育电子信息类规划教材
ISBN 978-7-111-56192-7

Ⅰ．①电…　Ⅱ．①赵…　Ⅲ．①电子技术-高等学校-教材　Ⅳ．①TN

中国版本图书馆CIP数据核字（2017）第039349号

机械工业出版社（北京市百万庄大街22号　邮政编码100037）
策划编辑：李馨馨　　责任编辑：李馨馨
责任校对：张艳霞　　责任印制：常天培
河北虎彩印刷有限公司印刷

2025年8月第1版·第8次印刷
184mm×260mm·9.75印张·229千字
标准书号：ISBN 978-7-111-56192-7
定价：39.80元

电话服务	网络服务
客服电话：010-88361066	机　工　官　网：www.cmpbook.com
010-88379833	机　工　官　博：weibo.com/cmp1952
010-68326294	金　书　网：www.golden-book.com
封底无防伪标均为盗版	机工教育服务网：www.cmpedu.com

前　　言

电子技术实验作为电子技术基础课程的重要组成部分，在人才培养过程中起着不可替代的重要作用。它的主要任务是培养学生的基本实验技能、电路的设计与综合应用能力以及使用计算机等工具的能力，以全面提高学生的素质和创新能力。为了适应这种要求，推动电子技术实验的改革，特编写此教材。

书中介绍了电子技术实验基础知识、基本实验操作和测试方法、计算机仿真软件与仿真实验的开发，拓展了综合与设计性实验内容。本书通过将实践技能的训练与理论知识相融合，同时配合计算机仿真实验，力图对学生的实践技能进行多层次的培养，充分提高学生系统开发的综合实践能力。

本书由浙江理工大学电工电子实验中心的赵文来编写了第 1 章的 1.1 节、第 2 章的 2.1～2.8 节、第 3 章的 3.1 节和第 4 章；杨俊秀编写了第 3 章的 3.3 节和第 5 章；李进编写了第 1 章 1.2 节；鲍佳编写了第 3 章的 3.2 节；严国红编写了第 2 章的 2.9～2.11 节。赵文来负责全书的统稿工作。

本书在编写过程中也得到了浙江理工大学电工电子实验中心全体教师的指导和热心帮助。在编写过程中编者参考了许多资料，在此向给予帮助的老师和同行以及这些资料的作者致以衷心的感谢。

由于编者水平有限，书中难免有不妥和错误之处，敬请读者提出批评和改进意见。

编　者

目　　录

第 1 章　常用电子元器件与电子仪器

1.1　常用电子元器件

1.1.1　电阻器

电阻器通常简称为电阻，是一种最基本、最常用的电子元件。由于制造材料和结构不同，电阻器有许多种，常见的有碳膜电阻器、金属膜电阻器、有机实心电阻器、线绕电阻器、固定抽头电阻器、可变电阻器、滑线式可变电阻器和片状电阻器，其外形如图 1–1 所示。按其阻值是否可调又分为固定电阻器和可变电阻器两种。在电子制作中一般常用碳膜电阻或金属膜电器。

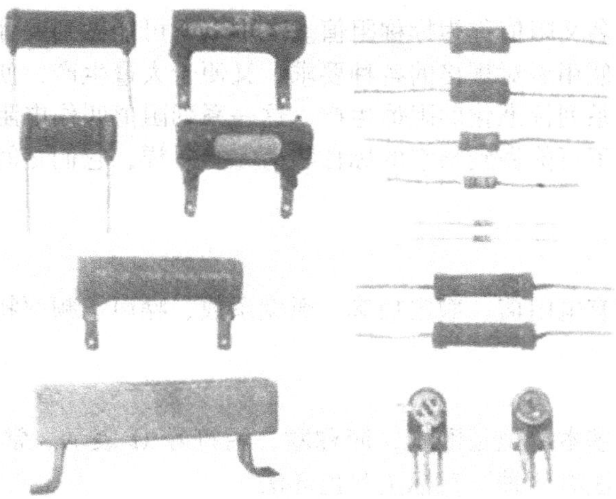

图 1–1　常见电阻器

1. 电阻器的命名

电阻器的文字符号为“R”，图形符号如图 1–2 所示。国产电阻器的型号命名由四部分组成，如图 1–3 所示。第一部分用字母“R”表示电阻器的主称，第二部分用字母表示构成电阻的材料，第三部分用数字或字母表示电阻器的分类，第四部用数字表示序号。电阻器型号的意义见表 1–1。

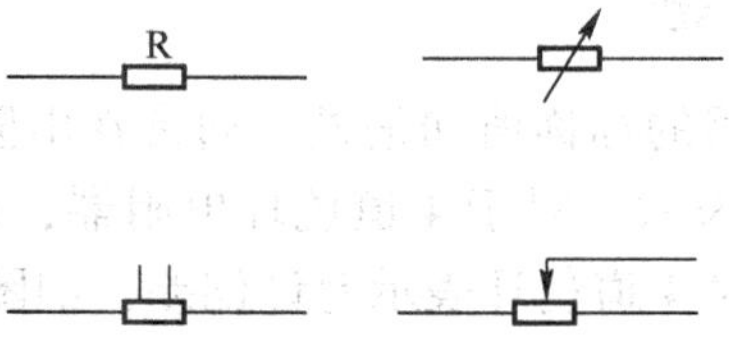

图 1–2　电阻器图形符号

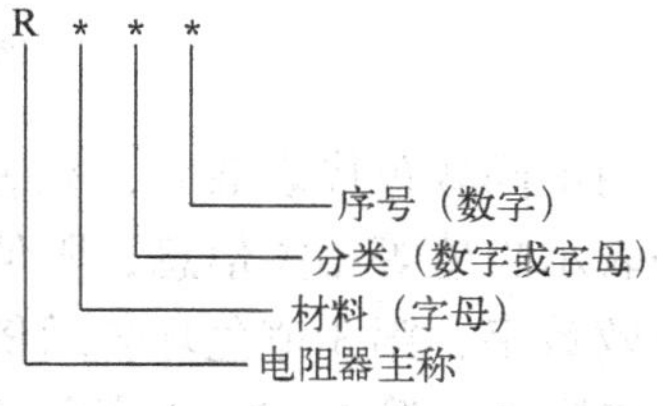

图 1–3　电阻器型号的命名

表 1-1 电阻器型号的意义

第 1 部分	第 2 部分（材料）	第 3 部分（分类）	第 4 部分
R	H：合成碳膜	1：普通	序号
	I：玻璃釉膜	2：普通	
	J：金属膜	3：超高频	
	N：无机实心	4：高阻	
	G：沉积膜	5：高温	
	S：有机实心	7：精密	
	T：碳膜	8：高压	
	X：线绕	9：特殊	
	Y：氧化膜	G：高功率	
	F：复合膜	T：可调	

2. 电阻器的标称阻值与允许偏差

电阻器上所标示的名义阻值称为标称阻值。电阻器不可能做到要什么阻值就有什么样的阻值，为了达到既满足使用者对规格的各种要求，又便于大量生产，使规格品种简化到最低程度，国家规定只按一系列标准化的阻值生产，这一系列阻值叫作电阻器的标称阻值系列。

电阻器的实际阻值不可能做到与它的标称阻值完全一样，它们之间允许有一定差别，称为允许偏差。

3. 电阻器的参数

电阻器的主要参数有电阻值、额定功率、温度系数、噪声、频率特性等，其中前两项是最基本的。

（1）电阻值

电阻值简称阻值，基本单位是欧姆，简称欧，用符号 Ω 表示。常用的单位还有千欧和兆欧。电阻值的表示方法有两种：直标法和色环法。

直标法是在原件表面直接标出数值与偏差，如图 1-4 所示。直标法中可以用单位符号代替小数点，例如 6.8 k 可标为 6k8。直标法一目了然，但只适用于体积较大的元件。

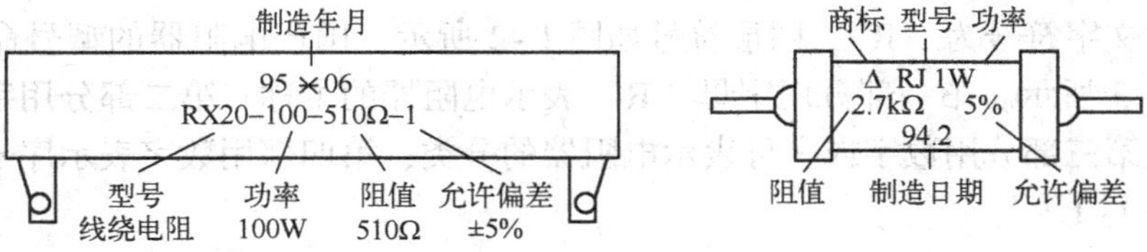

图 1-4 直标法

色环法是用不同颜色代表数字，来表示电阻器的标称值和偏差。通常在电阻器上印有 4 道或 5 道色环表示阻值等相关信息，阻值的单位为 Ω。对于 4 道色环电阻器，第 1、2 道色环表示两位有效数字，第 3 道色环表示倍乘数，第 4 道色环表示允许偏差，如图 1-5a 所示。对于 5 道色环电阻器，第 1、2、3 道色环表示三位有效数字，第 4 道色环表示倍乘数，第 5

道色环表示允许偏差，如图 1-5b 所示。

色环一般采用黑、棕、红、橙、黄、绿、蓝、紫、灰、白、金、银 12 种颜色，它们的意义如表 1-2 所示。例如，某电阻器的 4 道色环依次为黄、紫、橙、银，则其阻值为 47 kΩ，误差为 ±10%；某电阻器的 5 道色环依次为红、黄、黑、橙、金，则其阻值为 240 kΩ，误差为 ±5%。

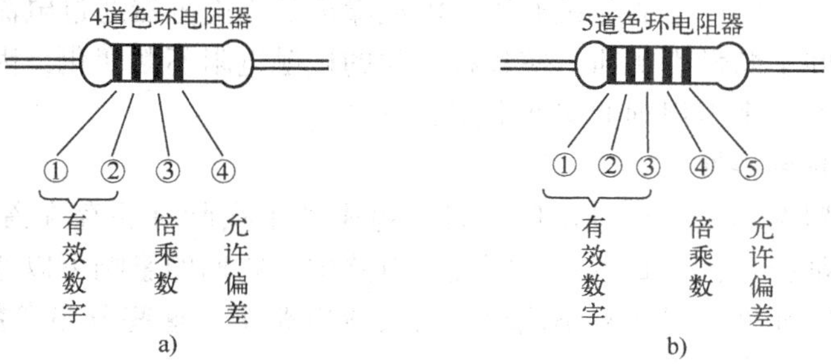

图 1-5　色环法

表 1-2　电阻器上色环颜色的意义

颜色	有效数字	被乘数	允许偏差
黑色	0	$\times 10^0$	
棕色	1	$\times 10^1$	±1%
红色	2	$\times 10^2$	±2%
橙色	3	$\times 10^3$	
黄色	4	$\times 10^4$	
绿色	5	$\times 10^5$	±0.5%
蓝色	6	$\times 10^6$	±0.25%
紫色	7	$\times 10^7$	±0.1%
灰色	8	$\times 10^8$	
白色	9	$\times 10^9$	
金色	—	$\times 10^{-1}$	±5%
银色	—	$\times 10^{-2}$	±10%

（2）额定功率

额定功率是指电阻器在直流或交流电路中，在正常大气压力（86 ~ 106 kPa）及额定温度条件下，能长期连续负荷而不损坏或不显著改变其性能所允许消耗的最大功率。常用电阻器的功率有 1/8 W、1/4 W、1/2 W、2 W、5 W、10 W 等，其在电路图中表示的图形符号如图 1-6 所示。

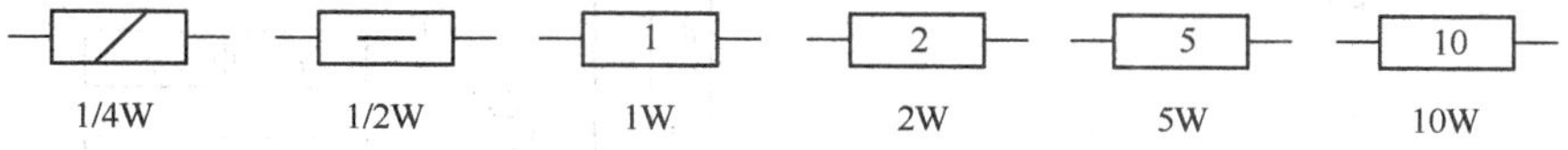

图 1-6　电阻器额定功率的图形符号

（3）电阻器的温度系数

电阻器的电阻值随温度的变化略有改变。温度每变化 1℃ 所引起电阻值的相对变化称为电阻的温度系数。温度系数越小，电阻的稳定性越好。

（4）电阻器的噪声

当电阻器通以直流电流时，电阻器两端的电压往往不是一个恒定不变的电压，而是有着不规则的电压起伏，犹如在直流电压上叠加了一个交变分量，这个交变分量称为噪声电动势。噪声是电阻器本身的特性，与外加电压没有直接关系。

电阻器的噪声包括热噪声和电流噪声。热噪声是由于电阻器中自由电子的不规则热运动而使电阻器内任意两点间产生的随机电压。电流噪声是当电阻器通过电流时，导电颗粒之间以及非导电颗粒之间不断发生碰撞，使颗粒之间的接触电阻不断变化，因而电阻器两端除直流电电压降之外还有一个不规则的交变电压分量。

（5）电阻器的频率特性

任何一种电阻器都不是一个纯电阻元件，电阻器上实际都还存在着分布电感和分布电容。这些分布参数都很小，在直流和低频交流电路中，它们的影响可以忽略不计，可将电阻器看作是一个纯电阻元件，但在频率比较高的交流电路中，这些分布参数的影响不能忽视，其交流等效电阻将随频率而变化。

4. 电阻器的作用

电阻器是组成电路的基本元件之一。在电路中，电阻器用来稳定和调节电流、电压，组成分流器和分压器，在电路中起到限电流、降电压、去耦、偏置、负载、匹配、取样等作用。还可以用来调节时间常数、抑制寄生振荡等。

1.1.2 电容器

电容器通常简称为电容，是一种最基本、最常用的电子元件，外形如图 1-7 所示。电容器按电容量是否可调分为固定电容器和可变电容器两大类。固定电容器按介质材料不同又有许多种类，其中无极性固定电容器有纸介电容器、涤纶电容器、云母电容器、聚苯乙烯电容器、聚酯电容器、玻璃釉电容器及瓷介电容器等；有极性固定电容器有铝电解电容器、钽电解电容器、铌电解电容器等，如图 1-8 所示。使用有极性电容器时应注意其引线有正、负极之分，在电路中，其正极引线应接在电位高的一端，负极引线应接在电位低的一端。如果极性接反了，会使漏电流增大并易损坏电容器。

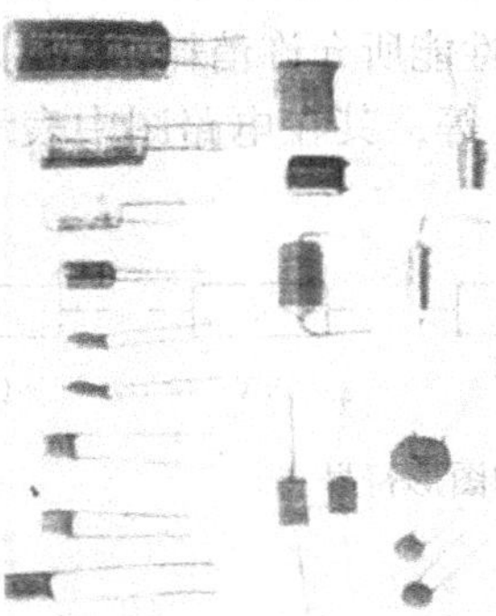

图 1-7　常见电容器

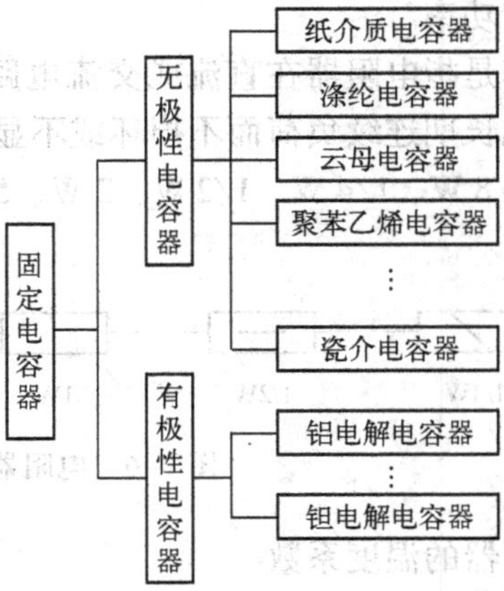

图 1-8　常见电容器的分类

1. 电容器的命名方法

电容器的文字符号为“C”，图形符号如图 1–9 所示。国产电容器的型号命名由四部分组成，如图 1–10 所示。第一部分用字母“C”表示电容器的主称，第二部分用字母表示电容器介质材料，第三部分用数字或字母表示电容器的类别，第四部分用数字表示序号。电容器型号中，第二部分介质材料代号的意义见表 1–3。第三部分类别代号的意义见表 1–4。

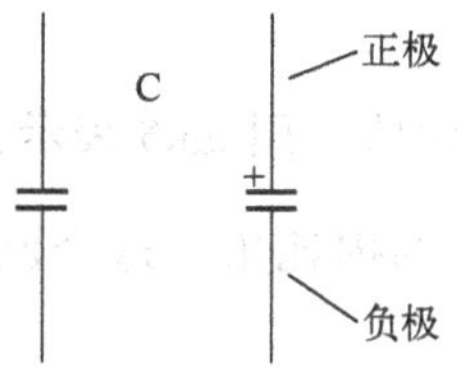

图 1–9 电容器图形符号

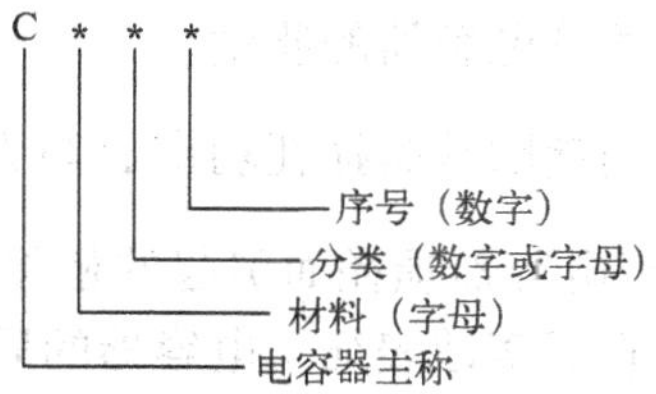

图 1–10 电容器型号的命名

表 1–3 电容器型号中介质材料代号的意义

字母代号	A	B	C	D	E	G	H	I	J	L	N	O	Q	T	V	Y	Z
介质材料	钽电解	聚苯乙烯	高频陶瓷	铝电解	其他材料电解	合金电解	纸膜复合	玻璃釉	金属化纸介	聚酯	铌电解	玻璃膜	漆膜	低频陶瓷	云母纸	云母	纸介

表 1–4 电容器型号中类别代号的意义

代 号	瓷片电容	云母电容	有机电容	电解电容
1	圆形	非密封	非密封	箔式
2	管形	非密封	非密封	箔式
3	叠片	密封	密封	非固体
4	独石	密封	密封	固体
5	穿心			
6	支柱等			
7				无极性
8	高压	高压	高压	
9			特殊	特殊
G	高功率型			
J	金属化型			
Y	高压型			
W	微调型			

2. 电容器的参数

电容器的主要参数有标称容量、额定电压、损耗因数等，其中前两项是最基本的。

（1）标称容量

容量是电容器的基本参数，不同类别的电容有不同系列的标称值。常用的标称系列同电阻。

(2) 额定电压

额定电压是电容器的重要参数，电容器两端加电压后，能保证长期工作而不被击穿的电压称为电容的额定电压。

(3) 损耗因数

电容器的损耗功率不仅与电容器本身性质有关，而且与加在电容器上的电压及电流的大小和频率有关。因此，如果只看损耗功率 P 的大小，而不考虑其存储无功功率 Q 的能力，就不能正确地评价电容器的质量。

电容器的损耗因数是损耗功率 P 与无功功率 Q 的比值，用 $\tan\delta$ 表示，$\tan\delta=\dfrac{P}{Q}$，式中，δ 是由于电容器损耗而引起的相移，称为电容器的损耗角。这个比值又称为电容器的损耗角正切，它真实地表征了电容器的质量优劣。

3. 电容器的作用

电容器在电子线路中起耦合、旁路、谐振、调谐、微分、积分、储能、滤波、隔直流以及控制电路中的时间常数等作用。

1.1.3 电感器

电感器习惯上简称为电感，是常用的基本电子元件之一。电感器种类繁多，形状各异，外形如图 1-11 所示。通常可分固定电感器、可变电感器、微调电感器三大类。按其采用材料的不同，电感器还可分为空心电感器、磁心电感器、铁心电感、铜心电感器等。线圈装有磁心或铁心，可以增加电感量，一般磁心用于高频场合，铁心用于低频场合。线圈装有铜心，则可以减小电感量。按用途分类则可分为固定电感器（包括立式、卧式、片状固定电感器等）、阻流圈（包括高频阻流圈、低频流圈、电源滤波器等）、偏转线圈（包括行偏转、场偏转等）、振荡线圈（包括中波、短波、调频本振线圈，以及行、场振荡线圈）等。

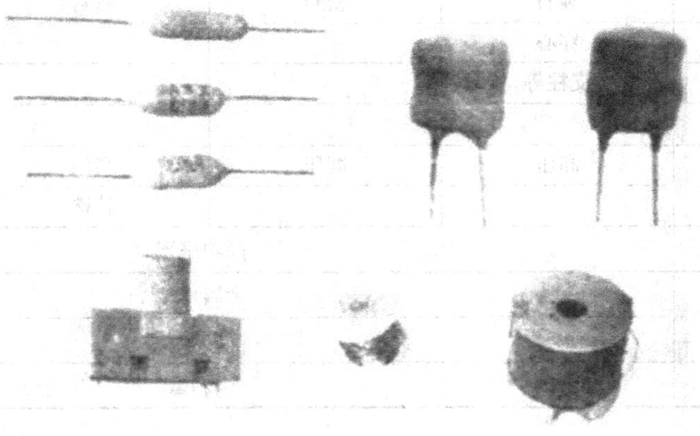

图 1-11　常见电感器

1. 电感器的命名方法

电感器的文字符号为“L”，图形符号如图 1-12 所示．国产电感器的型号命名一般由四部分组成，如图 1-13 所示。第一部分用字母表示电感器的主称，“L”为电感线圈，“ZL”

为阻流圈；第二部分用字母表示电感器的特征，例如“G”为高频；第三部分用字母表示电感器的类型，例如“X”为小型；第四部分用字母表示区别代号。固定电感器是一种通用性强的系列化产品，其结构如图 1-14 所示，线圈（往往含有磁心）被密封在外壳内，具有体积小、重量轻、结构牢固、电感量稳定和使用安装方便的特点。

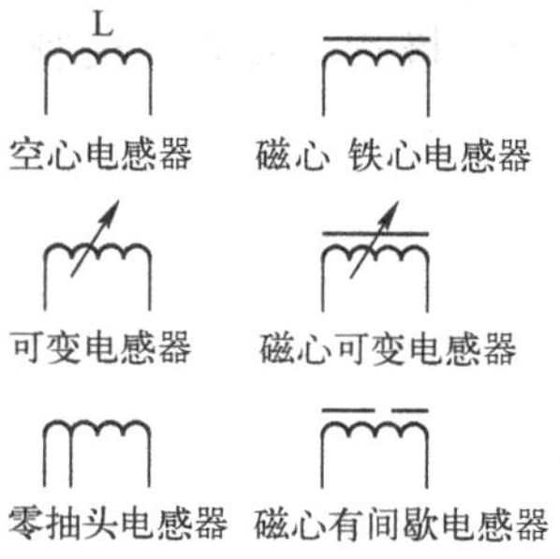

图 1-12　电感器图形符号

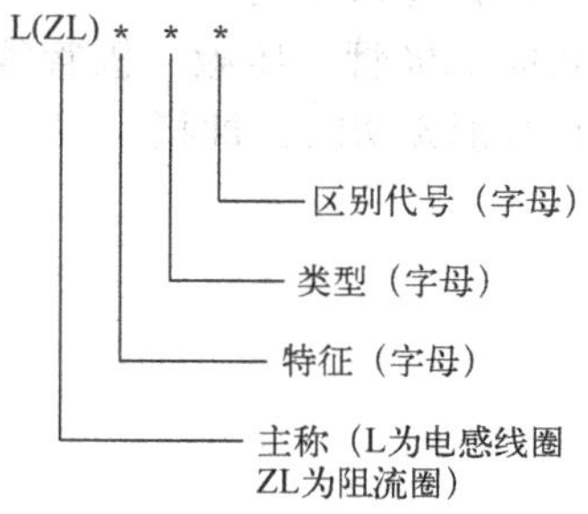

图 1-13　电感器型号的命名

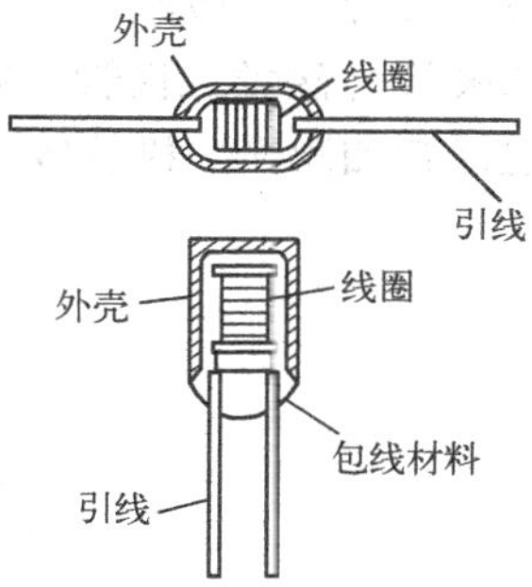

图 1-14　固定电感器

2. 电感器的参数

电感器的主要参数有电感量、额定电流、固有电容、品质因数等，其中前两项是最基本的。

（1）电感量

在没有非线性导磁物质存在的条件下，一个载流线圈的磁通 ψ 与线圈中的电流 I 成正比。其比例常数称自感系数，用 L 表示，简称电感。即：$L=\psi/I$

（2）额定电流

线圈中允许通过的最大电流。

（3）固有电容

线圈匝与匝之间的导线，通过空气、绝缘层和骨架而存在着分布电容。此外，屏蔽罩之间，多层绕组的层与层之间，绕组与底板间也都存在着分布电容。电容的存在会使线圈的等效总损耗电阻增大，品质因数降低。

（4）品质因数（Q 值）

电感线圈的品质因数定义为

$$Q=\omega L/R$$

式中　ω——工作角频率

L——线圈的电感量

R——线圈的等效总损耗电阻（包括直流电阻、高频电阻及介质损耗电阻）。

3. 电感器的作用

电感器（也称电感线圈）的应用范围很广泛，它在调谐、振荡、耦合、匹配、滤波、陷波、延迟、补偿及偏转聚焦等电路中，都是必不可少的。

1.1.4　常用半导体器件

1. 二极管

二极管是一种常用的具有一个 PN 结的半导体器件。二极管品种很多，大小各异，仅从外观上看，较常见的有玻璃壳二极管、塑封二极管、金属壳二极管、大功率螺栓状金属壳二极管、微型二极管和片状二极管等，其外形如图 1-15 所示。二极管按其制造材料的不同，可分为锗管和硅管两大类，每一类又分为 N 型和 P 型；按其制造工艺不同，可分为点接触型二极管和面接触型二极管；按功能与用途不同，可分为一般二极管和特殊二极管两大类，一般二极管包括检波二极、整流二极管和开关二极管等，特殊二极管主要有稳压二极管、敏感二极管（磁敏二极管、温度效应二极管、压敏二极管等）、变容二极管、发光二极管、光敏二极管和激光二极管等。没有特别说明时，即指一般二极管。

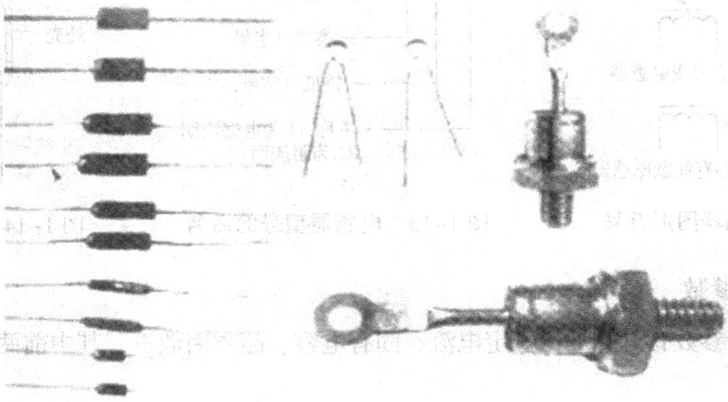

图 1-15　常见二极管

（1）二极管的命名方法

二极管的文字符号为“VD”，图形符号如图 1-16 所示。国产二极管的型号命名由五部分组成，如图 1-17 所示。第一部分用数字“2”表示二极管，第二部分用字母表示材料和极性，第三部分用字母表示类型，第四部分用数字表示序号，第五部分用字母表示规格。

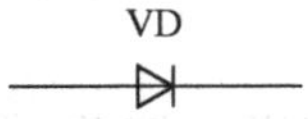

图 1-16　二极管图形符号

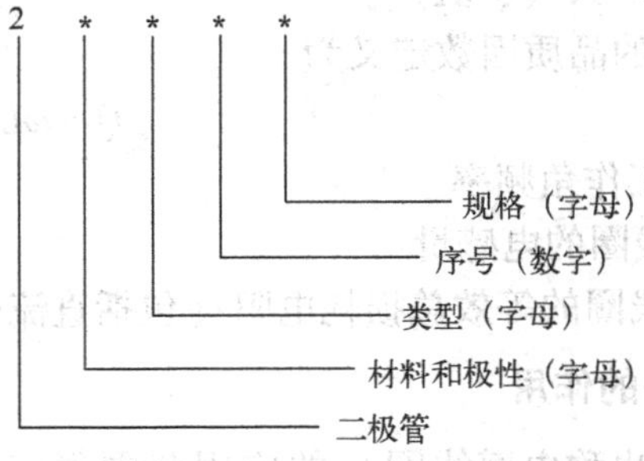

图 1-17　二极管型号的命名

二极管型号的意义见表 1-5。例如，2AP9 为 N 型锗材料普通检波二极管；2CZ55A 为 N 型硅材料整流二极管；2CK71B 为 N 型硅材料开关二极管。

表 1-5 二极管型号的意义

第一部分	第二部分	第三部分	第四部分	第五部分
2	A：N 型锗材料 B：P 型锗材料 C：N 型硅材料 D：P 型硅材料 E：化合物	P：普通二极管 Z：整流二极管 K：开关二极管 W：稳压二极管 L：整流堆二极管 C：变容二极管 S：隧道二极管 V：微波二极管 N：阻尼二极管 U：光敏二极管	序号	规格（可缺）

二极管的两引脚有正、负极之分，如图 1-18 所示。二极管图形符号中，三角一端为正极，竖短杠一端为负极。二极管实物中，有的将图形符号印在二极管上表示出极性，有的在二极管负极一端印上一道色环作为负极标记，有的二极管两端形状不同，平头为正极，圆头为负极，使用中应注意识别。

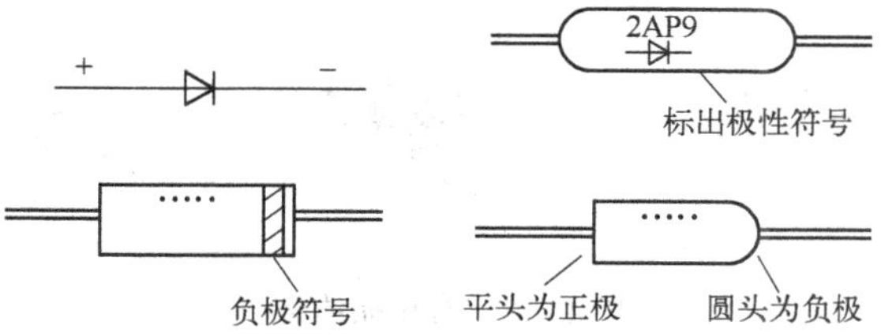

图 1-18 二极管极性的表示方法

（2）二极管的参数

二极管的主要参数有最大整流电流、最大反向工作电压、最高工作频率、反向电流等，其中前三项是最基本的。

1）最大整流电流 I_F：是指二极管长期连续工作时允许通过的最大正向平均电流。I_F 的数值由二极管允许的温升所限定。

2）最大反向工作电压 U_{RM}：是指工作时允许加在二极管两端的最大反向电压，若超过此值，二极管可能被击穿，击穿电压 U_{BR} 的一半定为 U_{RM}。

3）最高工作频率 f_M：主要取决于 PN 结结电容的大小。结电容越大，则二极管允许的最高工作频率越低。

4）反向电流 I_R。指在室温条件下，在二极管两端加上规定的反向电压时，流过管子的反向电流。通常希望 I_R 值越小越好。反向电流越小，说明二极管的单向导电性越好。

（3）二极管的工作原理与作用

二极管具有单向导电特性，只允许电流从正极流向负极，而不允许电流从负极流向正极。锗二极管和硅二极管在正向导通时具有不同的正向管电压降，二极管导通情况下，锗二极管的正向管电压降约为0.3 V，硅二极管的正向管电压降约为0.7 V。总之，由于二极管的电压与电流呈非线性关系，因此二极管的主要作用是检波和整流。二极管是非线性半导体器件。

2. 晶体管

晶体管是一种具有两个PN结的半导体器件。晶体管是电子电路中的核心器件之一，在各种电子电路中的应用十分广泛。晶体管的种类繁多，外形如图1-19所示。按所用半导体材料的不同可分为锗管、硅管和化合物管。按导电极性不同可分为NPN型和PNP型两大类。NPN型管工作时，集电极c和基极b接正电，电流由集电极c和基极b流向发射极。PNP型管工作时，集电极c和基极b接负电，电流由发射极e流向集电极c和基极b。使用中应按照电路图的要求选用相同导电极性的管子，否则将无法正常工作。晶体管按截止频率可分为超高频管、高频管（≥3 MHz）和低频管（<3 MHz）。按耗散功率可分为小功率管（<1 W）和大功率管（≥1 W）。按用途可分为低频放大管、高频放大管、开关管、低噪声管、高反压管和复合管等。

图1-19 常见晶体管

（1）晶体管的符号和命名方法

晶体管的文字符号为“VT”，图形符号如图1-20所示。晶体管的型号命名由五部分组成，如图1-21所示。第一部分用数字“3”表示晶体管，第二部分用字母表示材料和极性，第三部分用字母表示类型，第四部分用数字表示序号，第五部分用字母表示规格。

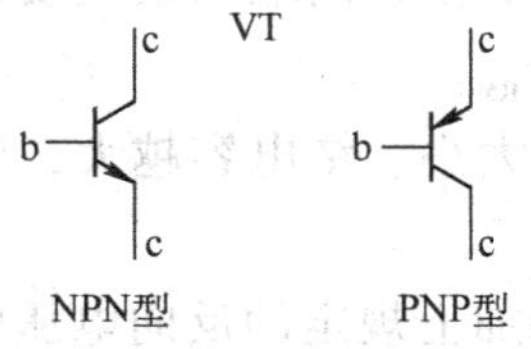

图1-20 晶体管图形符号

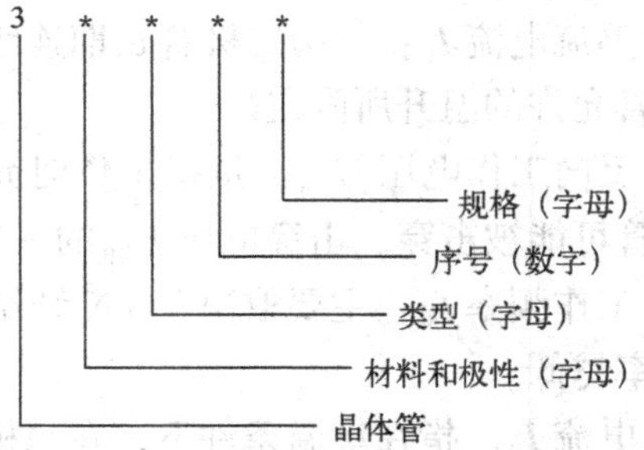

图1-21 晶体管型号的命名

晶体管型号的意义如表1-6所示。例如，3AX31为PNP型锗材料低频小功率晶体管；3DG6B为NPN型硅材料高频小功率晶体管。

表 1-6　晶体管型号的意义

第一部分	第二部分	第三部分	第四部分	第五部分
3	A：PNP 型锗材料 B：NPN 型锗材料 C：PNP 型硅材料 D：NPN 型硅材料 E：化合物材料	X：低频小功率晶体管 G：高频小功率晶体管 D：低频大功率晶体管 A：高频大功率晶体管 K：开关晶体管 T：闸流晶体管 J：结型场效应晶体管 O：MOS 场效应晶体管 U：光电晶体管	序号	规格（可省略）

（2）晶体管的参数

晶体管的参数很多，包括直流参数、交流参数和极限参数三类，但一般使用时只需关注电流放大系数、特征频率 f_T、集电极—发射极击穿电压 $U_{(BR)CEO}$、集电极最大电流 I_{CM} 和集电极最大功耗 P_{CM} 等项即可。

1）电流放大系数 β 和 h_{FE} 是晶体管的主要电参数之一。β 是晶体管的交流电流放大系数，指集电极电流 I_c 的变化量与基极电流 I_b 的变化量之比，反映了晶体管对交流信号的放大能力。h_{FE} 是晶体管的直流电流放大系数（也可用 β 表示），指集电极电流 I_c 与基极电流 I_b 的比值，反映了晶体管对直流信号的放大能力。图 1-22 所示为 3DG6 管的输出特性曲线，当 I_b 从 40 μA 上升到 60 μA 时，相应的 I_c 从 6 mA 上升到 9 mA，其 $\beta=\frac{(9-6)\times10^3}{60-40}=150$。

2）特征频率 f_T 是晶体管的另一主要电参数。晶体管的电流放大系数 β 与工作频率有关，工作频率超过一定值时，β 值开始下降。当 β 值下降为 1 时，所对应的频率即为特征频率 f_T，如图 1-23 所示，这时晶体管已完全没有电流放大能力。一般应使晶体管工作于 5%f_T 以下。

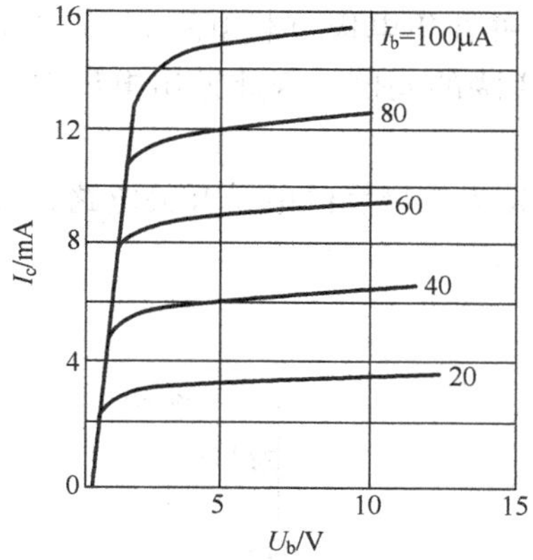

图 1-22　输出特性曲线

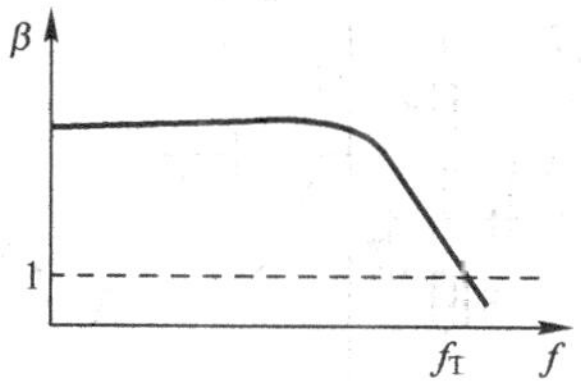

图 1-23　β 值的频率特性

3）集电极—发射极击穿电压 $U_{(BR)CEO}$ 是晶体管的一项极限参数。$U_{(BR)CEO}$ 是指基极开路时，所允许加在集电极与发射极之间的最大电压。如果工作电压超过 $U_{(BR)CEO}$，晶体管将可能被击穿。

4）集电极最大电流 I_{CM} 也是晶体管的一项极限参数。I_{CM} 是指晶体管正常工作时，集电极所允许通过的最大电流。晶体管的工作电流不应超过 I_{CM}。

5）集电极最大功耗 P_{CM} 是晶体管的又一项极限参数。P_{CM} 是指晶体管性能不变坏时所允许的最大集电极耗散功率。使用时晶体管实际功耗应小于 P_{CM} 并留有一定余量，以防烧管。

（3）晶体管的原理与作用

晶体管具有三根引脚，分别是基极 b、发射极 e 和集电极 c，使用中应区分清楚。绝大多数小功率晶体管的引脚均按 e－b－c 的标准顺序排列，并标有标志，如图 1-24 所示。但也有例外，如某些晶体管型号后有后缀“R”，其引脚排列顺序往往是 e－c－b。

晶体管的基本工作原理如图 1-25 所示（以 NPN 型管为例）。当给基极（输入端）输入一个较小的基极电流 I_b 时，其集电极（输出端）将按比例产生一个较大的集电极电流 I_c，这个比例就是晶体管的电流放大系数 β，即 $I_c=\beta I_b$。发射极是公共端，发射极电流 $I_e=I_b+I_c=(1+\beta)I_b$。可见，集电极电流和发射极电流受基极电流的控制，所以晶体管是电流控制型器件。

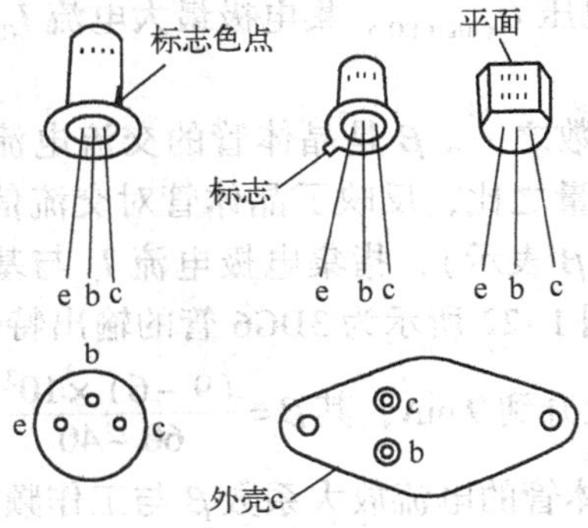

图 1-24　晶体管引脚的极性标志

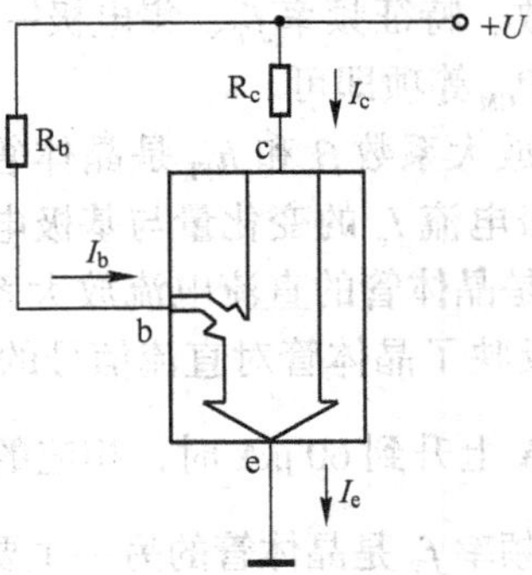

图 1-25　晶体管基本工作原理

1）晶体管最基本的作用是放大。图 1－26 所示为晶体管放大电路，输入信号 U_i 经 C_1 加至晶体管 VT 的基极，使其集电极电流相应变化，并在集电极负载电阻 R_c 上产生电压降，经 C_2 输出。由于输出电压等于电源电压与 R_c 上电压降的差值，因此输出电压 U_o 与输入电压 U_i 相位相反。R_1、R_2 为 VT 的基极偏置电阻。

2）晶体管具有开关作用。图 1－27 所示为驱动发光二极管的电子开关电路，开关晶体

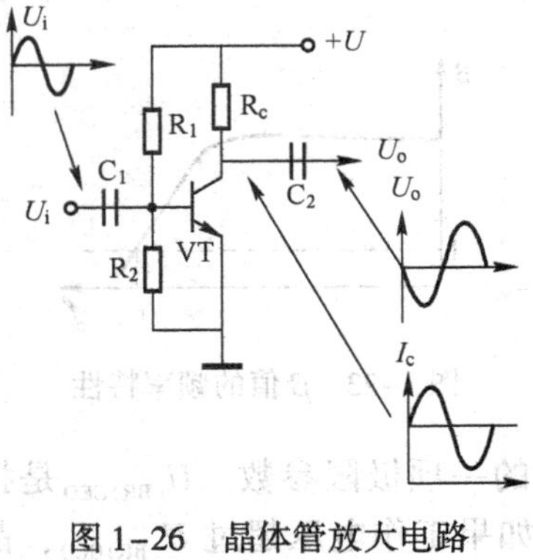

图 1-26　晶体管放大电路

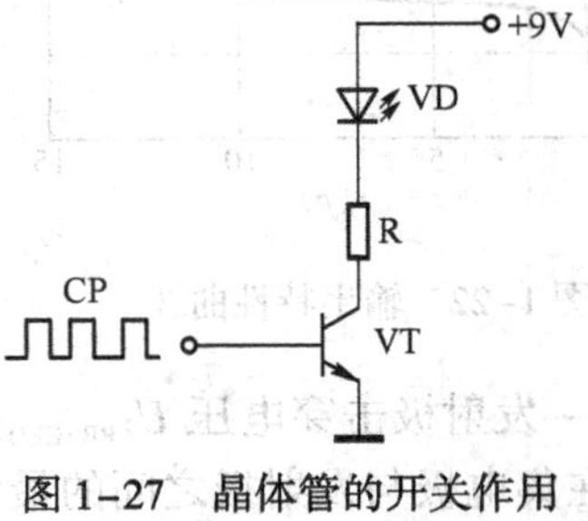

图 1-27　晶体管的开关作用

管 VT 的基极由脉冲信号 CP 控制，当 CP 为高电平“1”时，VT 导通，发光二极管 VD 发光；当 CP 为低电平“0”时，VT 截止，发光二极管 VD 熄灭。R 为限流电阻。

1.1.5 常用集成器件

集成电路是现代电子电路的重要组成部分，它具有体积小、耗电少、工作特性好等一系列优点。概括来说，集成电路按制造工艺，可分为半导体集成电路、薄膜集成电路和由二者组合而成的混合集成电路。按集成度可分为小规模集成电路、中规模集成电路、大规模集成电路以及超大规模集成电路。按功能可分为模拟集成电路和数字集成电路。

1. 运算放大器

μA741 为最常使用的集成运算放大器之一。该器件为通用Ⅲ型集成运放，高性能带内补偿，具有较宽的共模和差模电压范围，具有短路保护、功耗低、不需外部补偿的特点。可用作积分器、求和放大及普通反馈放大器。其外观及引脚排列如图 1-28 所示，主要参数如表 1-7 所示。

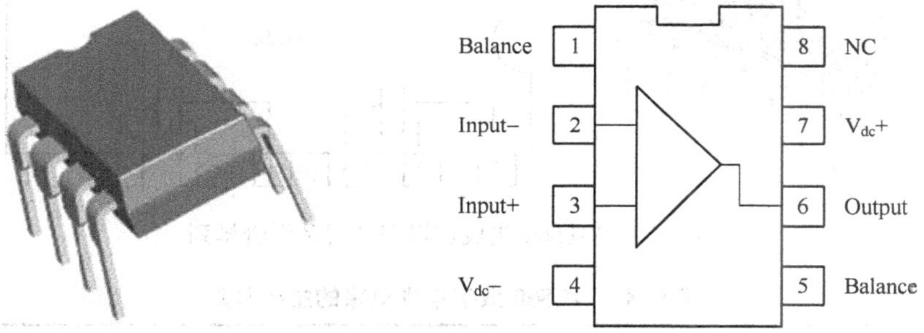

图 1-28 μA741 运算放大器外观及引脚排列

表 1-7 μA741 运算放大器的主要参数

（测试条件：$t = 25℃$，$V_{CC} = V_{EE} = 15\,V$）

参数名称	符号	最小值	典型值	最大值
输入失调电压/mV	V_{OS}		2	6
输入失调电流/nA	I_{OS}		20	200
输入偏置电流/nA	I_B		80	500
输入电阻/MΩ	R_{IN}	0.3	2	
输入电容/pF	C_{INCM}		1.4	
失调电压调整范围/mV	V_{IOR}		±15	
共模输入电压范围/V	V_{ICR}	±12	±13	
共模抑制比/dB	CMRR	70	90	
电源抑制比/（nV/V）	PSRR		30	150
开环电压增益/（V/mV）	A_{VO}	20	200	
输出电压摆幅/V	V_O	±12	±14	

（续）

参数名称	符　号	最小值	典型值	最大值
摆率/（V/μs）	S_R		0.5	
输出电阻/Ω	R_O		75	
输出短路电流/mA	I_{OS}		25	
电源电流/mA	I_S		1.7	2.8
功耗/mW	P_d		50	85

2. 集成逻辑门

74LS00 是数字电路实验中常用的集成逻辑门器件。该器件集成了 4 个 2 输入端的与非门。其外观及引脚排列如图 1-29 所示，主要参数如表 1-8 所示。

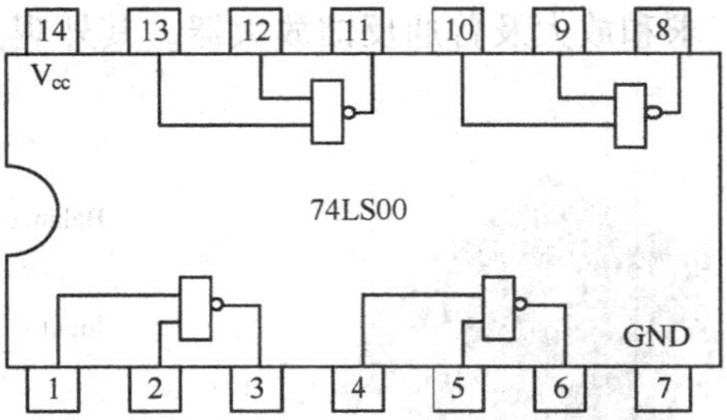

图 1-29　74LS00 集成逻辑门外观及引脚排列

表 1-8　74LS00 数字集成电路的主要参数

参数名称	符　号	最小值	典型值	最大值
电源电压/V	V_{CC}	4.75	5	5.25
工作环境温度/℃	T_A	0		70
低电平输入电压/V	U_{IL}			0.8
高电平输入电压/V	U_{IH}	2		
低电平输出电压/V	U_{OL}		0.2	0.4
高电平输出电压/V	U_{OH}	2.4	3.4	
低电平输出电流/mV	I_{OH}			16
高电平输出电流/mV	I_{OL}			-0.4
低电平输入电流/mV	I_{IL}			-1.6
高电平输入电流/mV	I_{IH}			0.04
输出短路电流/mV	I_{OS}	-18		-55

3. 集成器件的识别与使用

识别圆形集成电路时，面向引脚正视，从定位销顺时针方向依次为 1，2，3，…，如图 1-30 所示。圆形多用于模拟集成电路。识别扁平和双列直插型集成电路时，将文字符号标识正放（一般器件上有一缺口或圆点，将缺口或圆点置于左方），由顶部俯视，从左下角起，按逆时针方向，引脚数依次增大。如图 1-31 所示。使用接通电源前，要看清楚集成组件各引脚的位置；切忌正、负电源极性接反和输出端短路，否则将会损坏集成块。

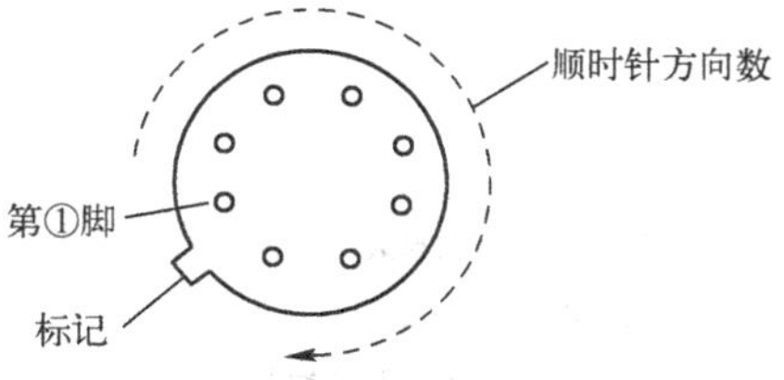

图 1-30 圆形集成电路引脚排列

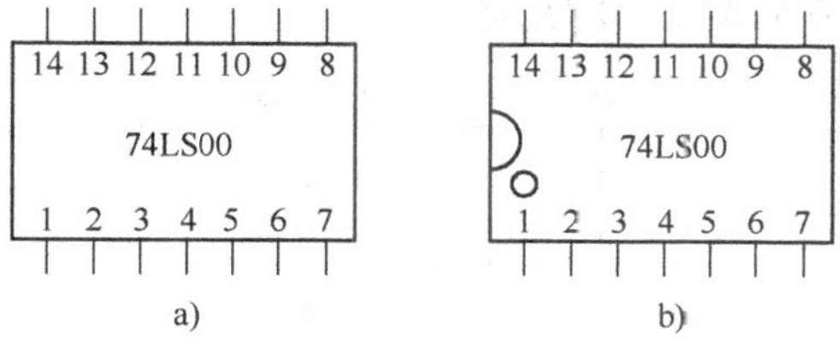

图 1-31 扁平和双列直插型引脚排列

4. 集成器件的命名

我国国家标准 GB/T3430—1989 规定了半导体集成电路型号的命名由五部分组成，各部分的符号及意义如表 1-9 所示。

表 1-9 器件型号的组成

第零部分		第一部分		第二部分	第三部分		第四部分	
用字母表示器件符合国家标准		用字母表示器件的类型		用阿拉伯数字和字母表示器件系列品种	用字母表示器件的工作温度范围		用字母表示器件的封装	
符号	意义	符号	意义		符号	意义	符号	意义
		T	TTL 电路	TTL 分为：	C	0℃～70℃⑤	F	多层陶瓷扁平封装
		H	HTL 电路	54/74 x x x①	G	-25℃～70℃	B	塑料扁平封装
		E	ECL 电路	54/74 H x x x②	L	-25℃～85℃	H	黑瓷扁平封装
		C	CMOS 电路	54/74 L x x x③	E	-40℃～85℃	D	多层陶瓷双列直插封装
		M	存储器	54/74 S x x x	R	-55℃～85℃	J	黑瓷双列直插封装
		u	微型机电路	54/74 L S x x x④	M	-55～125℃	P	塑料双列直插封装
		F	线性放大器	54/74 A S x x x	⋮		S	塑料单列直插封装
		W	稳压器	54/74 A L S x x x			T	金属圆壳封装
C	中国制造	D	音响电视电路	54/74 F x x x			K	金属菱形封装
		B	非线性电路	CMOS 为：			C	陶瓷芯片载体封装
		J	接口电路	4000 系列			E	塑料芯片载体封装
		AD	A/D 转换器	54/74HC x x x			G	网格针栅陈列封装
		DA	D/A 转换器	54/74 HCT x x x			SOIC	小引线封装
		SC	通信专用电路	⋮			PCC	塑料芯片载体封装
		SS	敏感电路				LCC	陶瓷芯片载体封装
		SW	钟表电路					
		SJ	机电仪电路					
		SF	复印机电路					

注：① 74：国际通用 74 系列（民用）；54：国际通用 54 系列（军用）。
② H：高速。
③ L：低速。
④ LS：低功耗。
⑤ C：只出现在 74 系列。
⑥ M：只出现在 54 系列。

示例如图 1-32 所示。

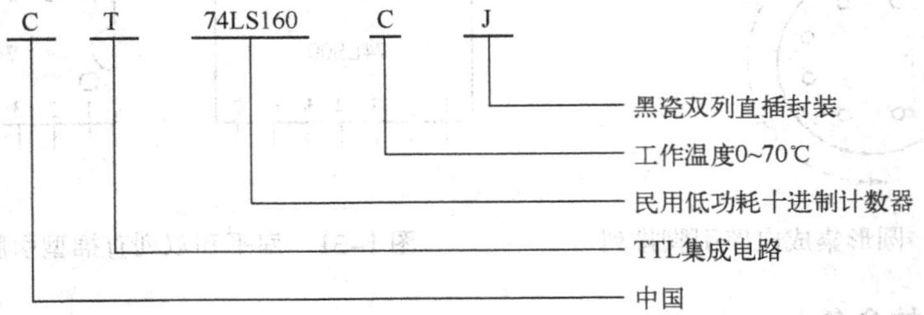

图 1-32 74LS160 型号组成

1.2 常用电子测量仪器

电子技术实验过程中经常需要对一些器件参数、电量参数等进行测量，电子测量仪器就成了主要使用的测量工具。因此了解电子测量仪器的功能并正确使用是非常重要的，以下就几种常用电子测量仪器的功能与使用进行说明与介绍。

1.2.1 函数信号发生器

函数信号发生器是一种能产生多种特定时间函数波形的仪器。一般情况下可产生正弦波、方波、三角波。有的还有调频、调幅、功率输出等功能。可实现不同相位、不同方向和占空比的脉冲波等。型号为 UTG2000A 的函数信号发生器就是一款这样的仪器，它能够产生不同频率、不同幅度的规则或不规则波形，主要作用是作为电子测量激励源的信号来源。信号可以是真实的双极 AC 信号（峰值在接地参考点上下振荡），也可以在 DC 偏置（可正可负）范围内变化。它可以是正弦波或其他模拟函数、数字脉冲、二进制码型或纯任意波形。

1. UTG2000A 的前面板

UTG2000A 型函数信号发生器向用户提供了简洁、直观且操作简单的前面板，如图 1-33 所示。前面板上包括各种功能按键、旋钮及菜单软键，用户通过这些按钮可以进入不同的功能菜单或直接获得特定的功能应用。

2. UTG2000A 的功能界面

UTG2000A 的功能界面如图 1-34 所示，包括了【通道 1 信息】、【通道 2 信息】、【波形显示区】、【波形参数列表】、【软键选项卡】等 5 个部分，用户可以直接观察到相关波形信息并可进行参数调整。

3. UTG2000A 的波形输出与设置

（1）输出正弦波——频率设置

在接通电源时，波形默认配置为一个频率为 1 kHz，幅度为 100 mV 峰 - 峰值的正弦波（以 50 Ω 端接）。将频率改为 2.5 MHz 具体步骤如下：

1）依次按【Menu】→【波形】→【参数】→【频率】（如果按【参数】软键后没有在屏幕下方弹出【频率】选项卡，则需要再次按参数软键进行下一屏子选项卡显示）。在更改频率时，若当前频率值是有效的，则使用同一频率。要改为设置波形周期，请再次按【频率】软键切换到【周期】选项卡，【频率】和【周期】可以相互切换。

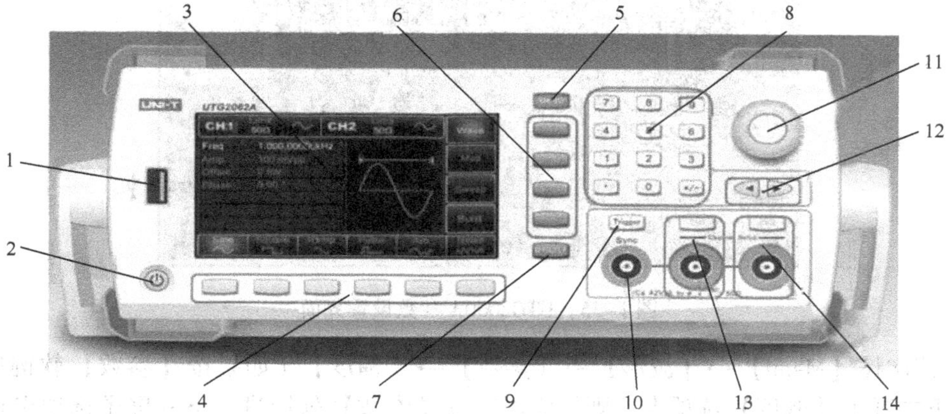

图 1-33　UTG2000A 前面板

1—USB 接口　2—开/关机键　3—显示屏　4—菜单操作软键　5—菜单键　6—功能菜单软键　7—辅助功能与系统设置按键　8—数字键盘　9—手动触发按键　10—同步输出端　11—多功能旋钮/按键　12—方向键　13—通道 1 控制输出端　14—通道 2 控制输出端

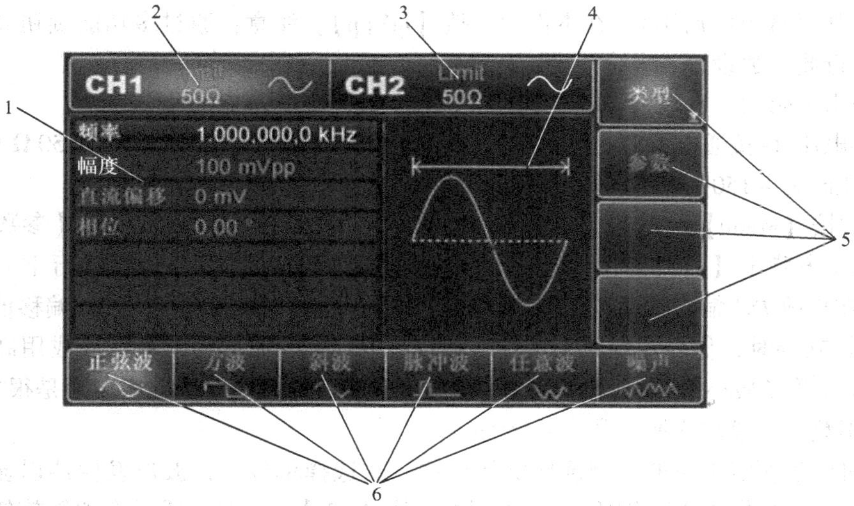

图 1-34　UTG2000A 功能界面

1—波形参数列表　2—通道 1 信息　3—通道 2 信息　4—波形显示区　5—软键标签　6—软键选项卡

2）使用数字键盘输入所需数字 2.5，如图 1-35 所示。

3）按对应于所需单位的软键选择所需单位。在选择单位时，波形发生器以显示的频率输出波形（如果输出已启用）。在本例中，按【MHz】。注意：通过多功能旋钮和方向键的配合也可进行此参数设置。

(2) 输出正弦波——幅度设置

在接通电源时，波形默认配置为一个幅度为 100 mV 峰 - 峰值的正弦波（以 50 Ω 端接）。将幅度改为 300 mV 峰 - 峰值的具体步骤如下：

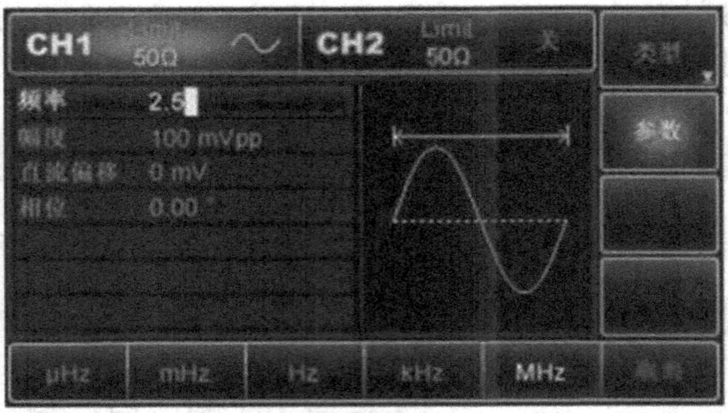

图 1-35　UTG2000A 参数设置界面

1）依次按【Menu】→【波形】→【参数】→【幅度】（如果按【参数】软键后没有在屏幕下方弹出【幅度】选项卡，则需要再次按【参数】软键进行下一屏子选项卡显示）。在更改幅度时，若当前幅度值是有效的，则使用同一幅度值。再次按【幅度】软键可进行单位的快速切换（在 Vpp、Vrms、dBm 之间切换）。

2）使用数字键盘输入所需数字 300。

3）按对应于所需单位的软键选择所需单位。在选择单位时，波形发生器以显示的幅度输出波形（如果输出已启用）。在本例中，按【mVpp】。注意：通过多功能旋钮和方向键的配合也可进行此参数设置。

（3）输出正弦波——设置 DC

在偏移电压 在接通电源时，波形默认 DC 偏移电压为 0 V 的正弦波（以 50 Ω 端接）。将 DC 偏移电压改为 -150 mV 的具体步骤如下：

1）依次按【Menu】→【波形】→【参数】→【直流偏移】（如果按【参数】软键后没有在屏幕下方弹出【直流偏移】选项卡，则需要再次按【参数】软键进行下一屏子选项卡显示）。在更改 DC 偏移时，若当前 DC 偏移值是有效的，则使用同一 DC 偏移值。再次按【直流偏移】软键时，你会发现原来用幅度和直流偏移描述波形的参数已变成用高电平（最大值）和低电平（最小值）来描述，这种设置信号限值的方法对于数字应用是很方便的。

2）使用数字键盘输入所需数字 -150 mV。

3）按对应于所需单位的软键选择所需单位。在选择单位时，波形发生器以显示的直流偏移输出波形（如果输出已启用）。在本例中，按【mV】。注意：通过多功能旋钮和方向键的配合也可进行此参数设置。

（4）输出方波

方波的占空比表示每个循环中方波处于高电平的时间量（假设波形不是反向的）。在接通电源时，方波默认的占空比是 50%，占空比受最低脉冲宽度规格为 1.5 ns（或 40 ns）的限制。设置频率为 1 kHz，幅度为 1.5 V，直流偏移为 0 V，占空比为 70% 方波的具体步骤如下：

1）依次按【Menu】→【波形】→【类型】→【方波】→【参数】（如果【类型】选项卡处于非高亮显示状态，才需要按【类型】软键进行选中）。

2）要设置某项参数先按对应的软键，再输入所需数值，然后选择单位即可。

注意：通过多功能旋钮和方向键的配合也可进行此参数设置。

1.2.2　示波器

示波器是一种用途十分广泛的电子测量仪器。它能把肉眼看不见的电信号变换成看得见的图像，便于人们研究各种电现象的变化过程。示波器可以分为模拟示波器和数字示波器，模拟示波器的工作方式是直接测量信号电压，并且通过从左到右穿过示波器屏幕的电子束在垂直方向描绘电压。数字示波器的工作方式是通过模拟转换器（ADC）把被测电压转换为数字信息。数字示波器捕获的是波形的一系列样值，并对样值进行存储，存储限度是判断累计的样值是否能描绘出波形为止，随后，数字示波器重构波形。下面以北京普源 DS1000 系列数字示波器为例介绍其操作使用方法。

1. DS1000 系列双踪示波器的前面板

DS1000 系列数字示波器向用户提供简单而功能明晰的前面板，以便进行基本的操作。如图 1-36 所示。面板上包括旋钮和功能按键。旋钮的功能与其他示波器类似。显示屏右侧的一列 5 个灰色按键为菜单操作键（自上而下定义为 1 号至 5 号）。通过它们，可以设置当前菜单的不同选项；其他按键为功能键，通过它们，可以进入不同的功能菜单或直接获得特定的功能应用。DS1000 系列数字示波器的波形显示界面如图 1-37 和图 1-38 所示。

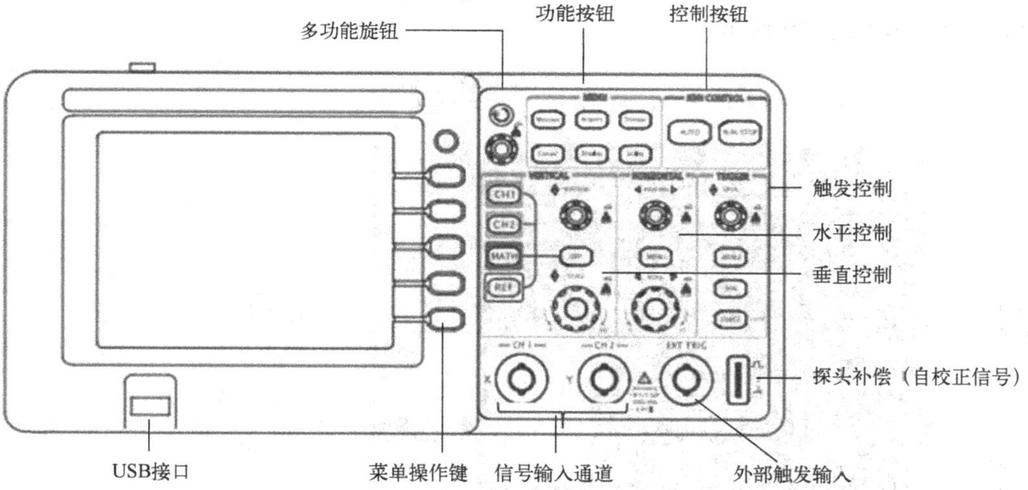

图 1-36　DS1000 系列双踪示波器操作面板图

2. DS1000 系列双踪示波器使用说明

（1）波形显示的自动设置

DS1000 系列数字示波器具有自动设置的功能。根据输入的信号，可自动调整电压倍率、时基以及触发方式，使波形显示达到最佳状态。应用自动设置要求被测信号的频率大于或等于 50 Hz，占空比大于 1%。其方法如下：

1）将被测信号连接到信号输入通道

2）按下【AUTO】按键，示波器将自动设置垂直、水平和触发控制。如需要，可手动调整这些控制使波形显示达到最佳。

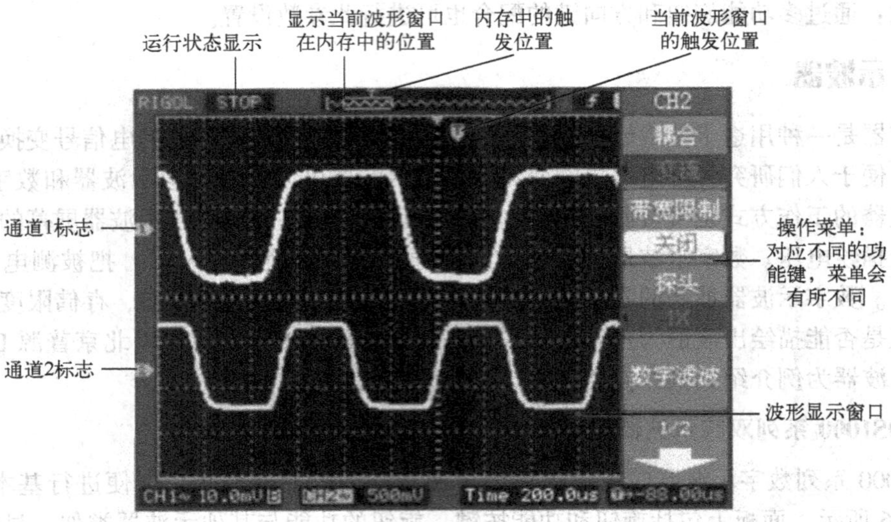

图 1-37 波形显示界面（仅模拟通道打开）

（2）垂直系统的设置

在示波器垂直控制区（VERTICAL）有一系列的按键、旋钮用于对示波器垂直方向的参数进行设置，如图 1-39 所示。

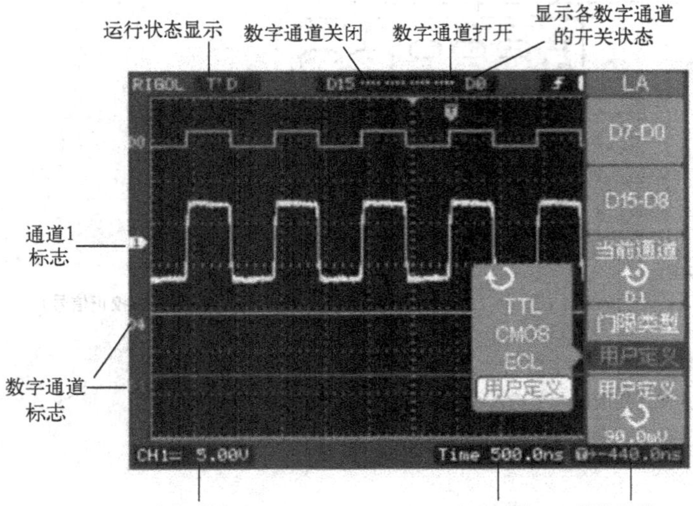

图 1-38 波形显示界面（模拟和数字通道同时打开）

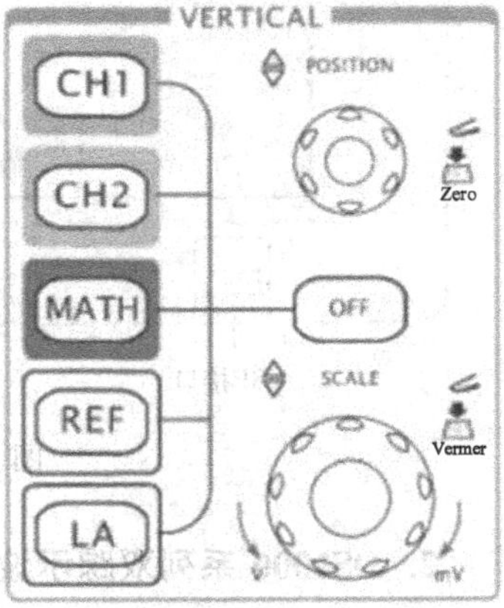

图 1-39 垂直系统操作面板

1）旋转垂直【POSITION】旋钮，可以调节信号的垂直显示位置。当旋转垂直【POSITION】旋钮时，指示通道地（GROUND）的标识跟随波形而上下移动，通过调节该旋钮可以使波形信号在波形窗口居中的位置显示。

2）按下垂直【POSITION】旋钮，可以将模拟通道垂直位置恢复到零点。

3）旋转垂直【SCALE】旋钮，可以改变垂直档位，即“Volt/Div（伏/格）”。垂直档位的变化情况显示在波形窗口下方的状态栏中。

4）垂直【SCALE】旋钮可作为设置输入通道的粗调/微调状态的快捷键。

5）按【CH1】、【CH2】、【MATH】、【REF】、【LA】（仅混合信号示波器），屏幕显示对应通道的操作菜单、标志、波形和档位状态信息。按【OFF】键关闭当前选择的通道。

测量技巧：

1）如果通道耦合方式为 DC，可以通过观察波形与信号地之间的差距来快速测量信号的直流分量。

2）如果耦合方式为 AC，信号里面的直流分量被滤除。这种方式可用更高的灵敏度显示信号的交流分量。

3）如果通道耦合方式为接地，用示波器将观测不到来自通道的信号。

4）耦合方式的设定可以通过打开测量通道的菜单，选择“耦合”菜单操作键进行设置，如图 1-40 所示。

（3）水平系统的设置

在水平控制区（HORIZONTAL）有一个按键和两个旋钮，可以通过该控制区域对水平系统进行设置，如图 1-41 所示。

图 1-40　耦合方式设置

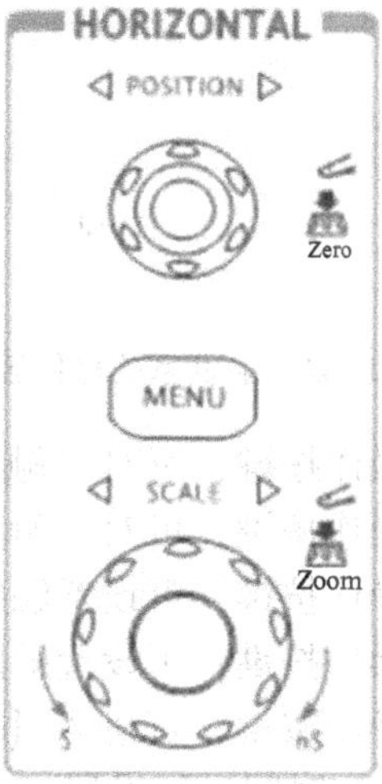

图 1-41　水平系统设置区

1）旋转水平【POSITION】旋钮，可以调整信号在波形窗口的水平位置。通过水平【POSITION】旋钮可以控制信号的触发位移。当应用于触发位移时，旋转水平【POSITION】旋钮，可以观察到波形随旋钮而水平移动。

2）按下水平【POSITION】旋钮可以使触发位移（或延迟扫描位移）恢复到水平零点处。

3）旋转水平【SCALE】旋钮，可以改变水平档位，即“s/Div（秒/格）”。水平挡位的变化情况显示在波形窗口下方的状态栏中。水平扫描速度从 5 ns 至 50 s，以 1 – 2 – 5 的形式步进。

4）按下水平【SCALE】旋钮可以切换到延迟扫描状态。

5）按下【MENU】按钮，显示 TIME 菜单。在此菜单下，可以开启/关闭延迟扫描或切换 Y-T、X-Y 和 ROLL 模式，还可以设置水平触发位移[⊖]复位。

（4）触发系统的设置

在触发控制区（TRIGGER）有一个旋钮、三个按键，可以对示波器的触发系统进行设置，如图 1-42 所示。

1）旋转【LEVEL】旋钮，可以发现屏幕上出现一条橘红色的触发线以及触发标志，随旋钮转动而上下移动。停止转动旋钮，此触发线和触发标志会在约 5 s 后消失。在移动触发线的同时，可以观察到在屏幕上触发电平的数值发生了变化。

2）按【LEVEL】旋钮可以使触发电平恢复到零点。

3）使用【MENU】按键调出触发操作菜单（见图 1-43），可以改变触发设置。

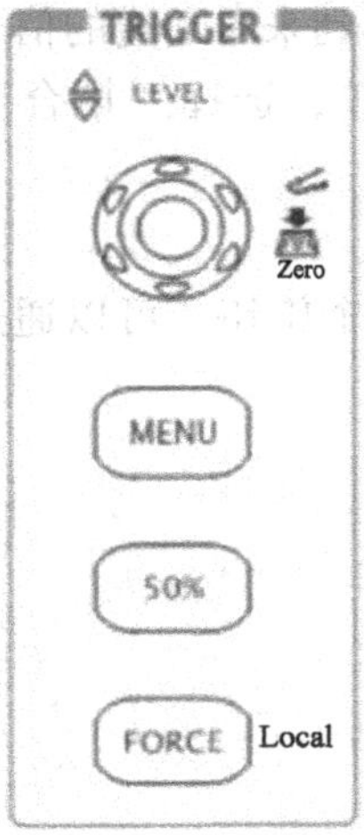

图 1-42　触发系统操作区

图 1-43　触发菜单操作

- 按 1 号菜单操作按键，可对“触发模式”进行设置。
- 按 2 号菜单操作按键，可对“触发源”进行设置。
- 按 3 号菜单操作按键，可设置触发的边沿类型。
- 按 4 号菜单操作按键，可设置触发方式。
- 按 5 号菜单操作按键，可进入【触发设置】二级菜单，对触发的耦合方式、触发灵敏度和触发释抑时间进行设置。

注：改变前三项的设置会导致屏幕右上角状态栏的变化。

4）按【50%】按键，设定触发电平在触发信号幅值的垂直中点。

5）按【FORCE】按键：强制产生一个触发信号，主要应用于触发方式中的“普通”和“单次”模式。

（5）测量功能

在 MENU 控制区，【Measure】和【Cursor】为示波器的测量功能按键。如图 1-44 所示，【Measure】提供了电压、时间参数的自动测量功能，【Cursor】用于光标测量。

⊖ 名词解释：

触发位移：指实际触发点相对于存储器中点的位置。转动水平 POSITION 旋钮，可水平移动触发点。

（6）功能菜单操作系统

1）【Measure】功能菜单操作。按【Measure】自动测量功能键，系统将显示自动测量操作菜单。如图 1-45 所示，测量功能菜单项的含义如表 1-10 所示。通过菜单操作按键可以选择需要测试的信源、测定的参数等。测量值会在波形显示区的下方显示出来。

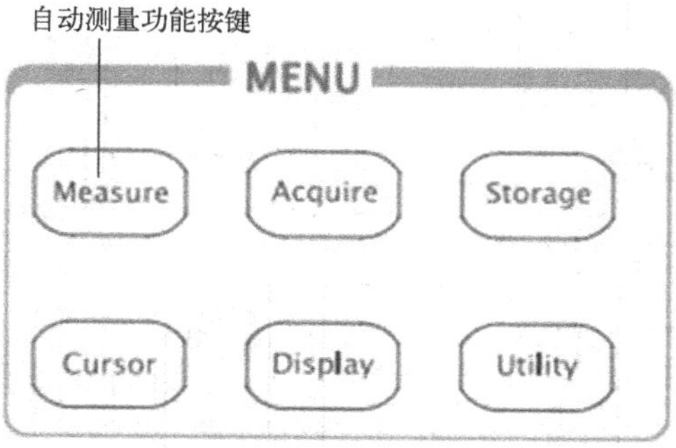

图 1-44　测量功能操作区

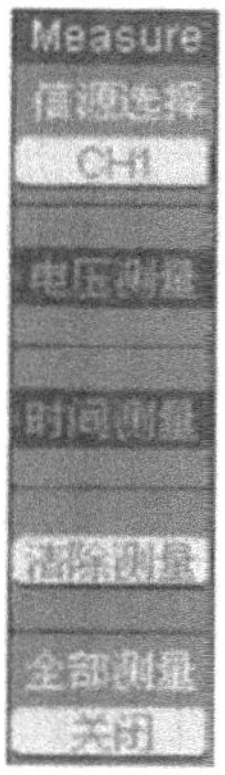

图 1-45　自动测量操作菜单

表 1-10　测量功能菜单项的含义

功能菜单	显　示	说　明
信源选择	CH1 CH2	设置被测信号的输入通道
电压测量		选择测量电压参数
时间测量		选择测量时间参数
清除测量		清除测量结果
全部测量	关闭 打开	关闭全部测量表示 打开全部测量显示

2）Cursor 功能菜单操作。光标模式允许用户通过移动光标进行测量，光标测量分为三种模式：

- 手动模式：光标以 X 或 Y 方式成对出现，并可手动调整光标的间距。显示的读数即为测量的电压或时间值。当使用光标时，需首先将信号源设定成需要测量的波形。
- 追踪模式：水平与垂直光标交叉构成十字光标。十字光标自动定位在波形上，通过旋动多功能旋钮（↻）可以调整十字光标在波形上的水平位置。示波器同时显示光标点的坐标。
- 自动测量模式：通过此设定，在自动测量模式下，系统会显示对应的电压或时间光标，以揭示测量的物理意义。系统根据信号的变化，自动调整光标位置，并计算相应的参数值。此种方式在未选择任何自动测量参数时无效。

1.2.3　交流毫伏表

交流毫伏表又称交流电压表，是模拟电子测量中常用的测量仪器，可以测量正弦交流信号的有效值。SP1931 型双通道数字交流毫伏表适用于测量频率 5 Hz ~ 3 MHz、电压

100 μVrms ~ 400 Vrms 的正弦波有效值电压。具备自动/手动测量功能，同时显示电压值和dB/dBm 值，以及量程和通道状态，显示清晰直观，使用方便。

1. SP1931 的前面板

SP1931 的前面板功能齐全，操作简单，如图 1-46 所示。

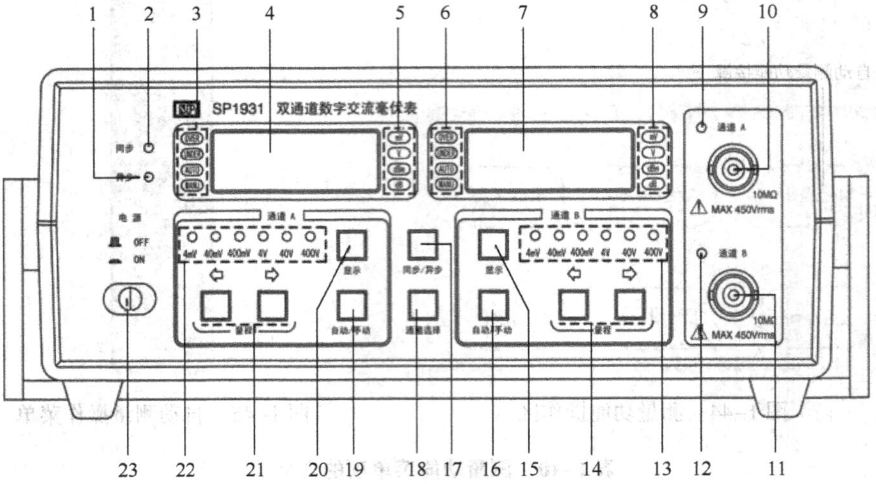

图 1-46 SP1931 前面板

1—“同步”指示灯 2—“异步”指示灯 3—A 通道的状态指示灯 4—A 通道的数码管显示器
5—A 通道的显示单位 6—B 通道的状态指示灯 7—B 通道的数码管显示器
8—B 通道的显示单位 9—A 通道指示灯 10—A 通道测量输入口 11—B 通道测量输入口
12—B 通道指示灯 13—B 通道电压测量量程灯 14—B 通道量程切换键
15—B 通道【显示】功能键 16—B 通道【自动/手动】键 17—【同步/异步】键
18—【通道选择】键 19—A 通道【自动/手动】键 20—A 通道【显示】功能键
21—A 通道量程切换键 22—A 通道电压测量量程灯 23—【POWER】键，电源开关

2. SP1931 测量模式设置

SP1931 共有三种通道测量模式。A 通道独立测量模式、B 通道独立测量模式以及 A + B 双通道测量模式。电源开启后，默认测量状态为双通道异步电压测量状态。这三种功能模式通过按【通道选择】键进行循环切换，仪器处于某一种测量模式可以根据通道指示灯判断。

1）当仪器处于 A 通道独立测量模式时，A 通道指示灯亮，B 通道指示灯灭，此时 A 通道数码显示区有效并显示当前实际测量值，而 B 通道数码显示区则无效并显示“————”。

2）当仪器处于 B 通道独立测量模式时，B 通道指示灯亮，A 通道指示灯灭，此时 B 通道数码显示区有效并显示当前实际测量值，而 A 通道数码显示区则无效并显示“————”。

3）当仪器处于 A + B 双通道测量模式时，A 和 B 通道指示灯同时亮，此时 A 和 B 通道数码显示区都有效并显示当前各自的实际测量值。

SP1931 两个测量通道可以工作在异步或同步测量模式。同步测量和异步测量在仪器处于 A + B 双通道测量模式时有效，通过按“同步/异步”键进行切换。当仪器处于双通道异步测量时，“异步”指示灯亮，此时两个测量通道相互独立，互不干扰。当仪器处于双通道同步测量时，“同步”指示灯亮，此时两个通道的显示单位、自动/手动状态以及量程升降都可以由任一通道的【显示】功能键、【自动/手动】键和量程切换键进行控制。使得两个通道具有相同的测量量程和显示单位，在程控测量时，两个通道默认由A通道控制。

3. SP1931测量功能菜单项的使用

当仪器处于A通道测量模式和A+B双通道测量模式时，A通道测量功能菜单键有效。当仪器处于B通道测量模式和A+B双通道测量模式时，B通道测量功能菜单键有效。A通道和B通道的测量功能键操作完全相同，这里以A通道操作为例进行介绍。

（1）使用【自动/手动】键

当仪器处于A通道测量模式和A+B双通道测量模式时，默认为自动测量方式，此时“AUTO”灯亮，仪器能根据被测信号的大小自动选择合适的测量量程。如果要进行手动测量，在自动测量状态下再按一次【自动/手动】键即可进入手动测量方式，此时“MANU”灯亮，相应指示符号如图1-47所示。

（2）使用【显示】键

SP1931的测量显示单位有三种：有效值（V或者mV）、dBm值和dB值；默认显示单位为有效值（V或者mV），要显示dBm值或dB值时，只要按【显示】键就可以进行切换，每一种单位都有相应的指示灯来指示，当其有效时，相应的灯就会亮起来以指示，相应指示符号如图1-48所示。

图1-47 量程状态和测量模式指示

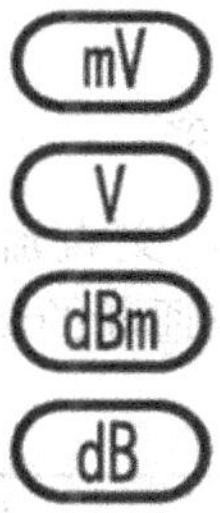

图1-48 显示单位指示

（3）使用【量程】键

当仪器处于手动测量状态时，【量程】键有效，允许用户自由设置测量量程。【<=】键表示降量程，【=>】键表示升量程。注意：在采用手动测量方式时，在加入信号前请先选择合适量程。当仪器设置为手动测量方式时，用户可根据仪器的提示设置量程。如果被测电压大于当前量程的最大测量电压的115%则“OVER”灯闪烁，表示过量程，此时如果电压显示区显示HHHHH，表示电压过高，应该手动切换到比当前测量量程高的量程。当仪器处于手动量程方式的某一量程（除4 mV最低档外），如果被测电压小于当前量程的最小测量电压的25%，则“UNDER”灯闪烁表示欠量程，此时，显示区按实际测量值显示，但是“UNDER”灯闪烁提示表示测量的欠量程，测量误差增大，用户应该切换到下面一个量程进行测量。

1.2.4 数字万用表

万用表常用的有指针式（也称模拟式）和数字式两种，指针式万用表可靠耐用，观察动态过程直观；数字式万用表读数精确直观，输入阻抗高。UT802是19999计数4位半、手动量程、便携台式、交直流供电二用数字万用表。

1. UT802 的前面板

UT802 的前面板包含电源开关、背光控制开关、保持模式开关、转换开关等操作部件，具体如图 1-49 所示。

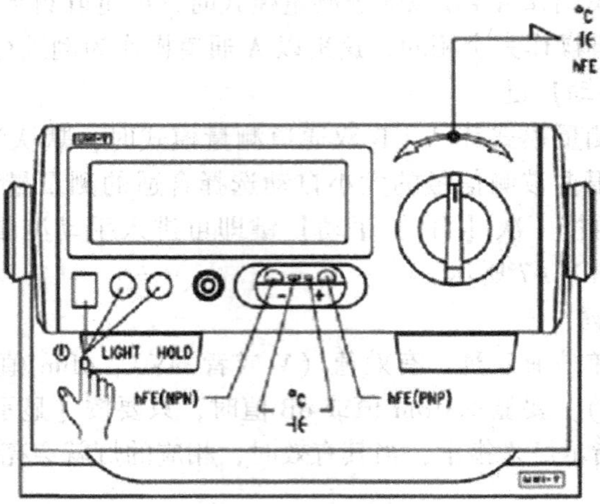

图 1-49 UT802 前面板

2. UT802 的测量功能

UT802 可用于测量：交直流电压、交直流电流、电阻、频率、电容、温度、晶体管 hFE、二极管和蜂鸣电路通断的测量。具体功能如表 1-11 所示。

表 1-11 UT802 测量功能

量程位置	输入端口	功能说明
V =	V⟷COM	直流电压测量
V ~	V⟷COM	交流电压测量
Ω	V⟷COM	电阻测量
➔ ·))	V⟷COM	二极管测量/蜂鸣通断测量
kHz	V⟷COM	频率测量
A =	mA μA⟷COM	mA/μA 直充电流测量
	10 A⟷COM	A 直流电流测量
A ~	mA μA⟷COM	mA/μA 交流电流测量
	10 A⟷COM	A 交流电流测量
F	V⟷mA μA（用转接插头座）	电容测量
℃	V⟷mA μA（用转接插头座）	温度测量
hFE	V⟷mA μA（用转接插头座）	晶体管放大倍数测量

测量操作说明如下：

测量时必须正确选择输入端口、功能档及量程。如果操作出错仪表会自动蜂鸣报警或提示符闪烁报警。

（1）交直流电压测量

1）不要输入高于1000 V的电压。测量更高的电压是有 可能的，但有损坏仪表的危险。在测量高电压时，要特别注意避免触电。

2）仪表输入阻抗均约为10 MΩ（除UT802/ACV输入阻抗约为2 MΩ），在测量高阻抗的电路时会引起测量上的误差，所以必须考虑输入阻抗。

（2）交直流电流测量

1）测量电流前，应先将被测电路中的电源关闭。同时注意应和被测电路串联。

2）不要用于>10 A电流的测量。虽然本仪表可以测量出20 A以下电流，但会有损坏仪表或危及人身安全的可能性。

（3）电阻、二极管、蜂鸣通断

1）测量前必须先将被测电路内所有电源关断，并将所有电容器放尽残余电荷。

2）测量1 MΩ以上的电阻时，可能需要几秒钟后读数才会稳定。这对于高阻的测量来说属正常。为了获得稳定读数尽量选用短的测试线。

3）在低阻测量时，表笔会带来约0.1～0.2 Ω电阻的测量误差。为获得精确读数，应首先将表笔短路，记住短路显示值，在测量结果中减去表笔短路显示值，才能确保测量精度。

4）在测量时，如果被测二极管是硅PN结，一般约为500～800 mV则认为正常值；如果通断测量，被测二端之间电阻>100 Ω，认为电路断路，被测二端之间电阻≤10 Ω，认为电路良好导通，蜂鸣器会连续声响，其读数为近似电路电阻值，单位是Ω。

（4）晶体管、温度、电容测量。

1）为保证能够正确测量，请注意转换插头座的位置和方向，并按照转换插头座上标明的极性接入待测元件。

2）用转换插头座测量贴片晶体管或贴片电容时，可以将仪表直立以方便测量（测量完毕请务必将仪表平放，以免发生跌落等对仪表造成不必要的损坏）。

第 2 章　电子技术基础性实验

2.1　常用电子仪器的使用

2.1.1　实验目的

1）学习电子电路实验中常用的电子仪器——示波器、函数信号发生器、直流稳压电源、交流毫伏表等的主要技术指标、性能及正确使用方法。

2）初步学习和了解 Multisim 软件的功能和作用。

3）初步掌握用双踪示波器观察正弦信号波形和读取波形参数的方法。

2.1.2　实验内容

1. 实验原理

在模拟电子电路实验中，经常使用的电子仪器有示波器、函数信号发生器、直流稳压电源、交流毫伏表等。它们和万用电表一起，可以完成对模拟电子电路的静态和动态工作情况的测试。

实验中要对各种电子仪器进行综合使用，可按照信号流向，以连线简捷，调节顺手，观察与读数方便等原则进行合理布局，各仪器与被测实验装置之间的布局与连接如图 2-1 所示。接线时应注意，为防止外界干扰，各仪器的公共接地端应连接在一起，称共地。信号源和交流毫伏表的引线通常用屏蔽线或专用电缆线，示波器接线使用专用电缆线，直流稳压电源的接线用普通导线。

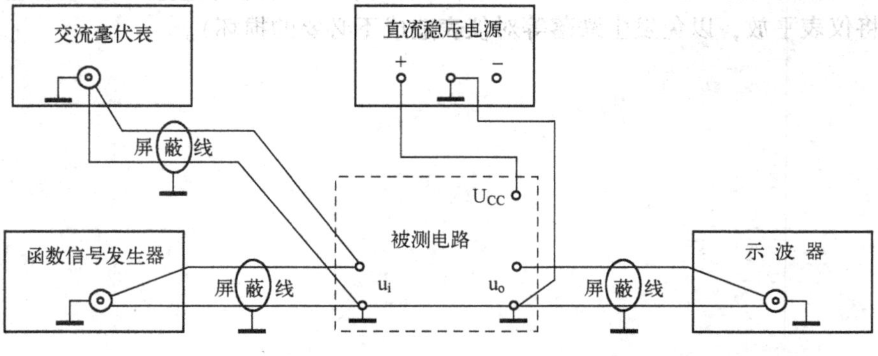

图 2-1　模拟电子电路中常用电子仪器布局图

说明：关于函数信号发生器、数字示波器、交流毫伏表、数字万用表、直流稳压电源等常见实验仪器的功能、工作原理等相关内容可参照电子测量与仪器的相关书籍。

2. 实验设备与器件

（1）函数信号发生器。

（2）双踪示波器。

（3）交流毫伏表。

（4）万用表。

3. 计算机仿真实验方案

（1）用示波器、频率计和数字万用表测量正弦信号参数

在 Multisim 仿真环境下建立如图 2-2 所示的仿真实验电路。调节函数信号发生器有关参数，使输出正弦信号的频率分别为 100 Hz、1 kHz、10 kHz、100 kHz，幅值分别为 1 V、1.5 V、2 V、2.5 V。

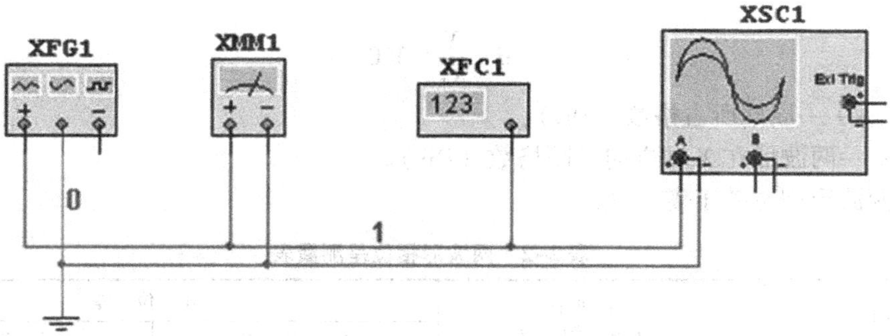

图 2-2　正弦信号参数测量仿真实验电路图

双击示波器图标打开示波器，适当调节示波器“扫描速率”及“Y 轴灵敏度”等相关参数，观察所测波形并测量函数信号发生器输出电压信号的峰峰值及幅值；双击频率计图标打开频率计，用频率计测量输出电压信号的周期、频率；双击数字电压表图标打开数字电压表，选取交流电压档位，用数字电压表测量输出电压信号的有效值。记入表 2-1。

表 2-1　正弦信号参数测量表

信号电压频率 f/kHz	信号电压幅值 U_m/V	频率计测量值		示波器测量值		电压表测量值
		周期 T/ms	频率 f/kHz	峰 - 峰值 U_{p-p}/V	幅值 U_m/V	有效值 U/V
0.1	1					
1	1.5					
10	2					
100	2.5					

（2）测量两波形间相位差

按图 2-3 建立仿真实验电路，将函数信号发生器的输出电压调至频率为 1 kHz，幅值为 2 V 的正弦波，经 RC 移相网络获得频率相同但相位不同的两路信号 u_1 和 u_2，分别加到双踪示波器的 CH1 和 CH2 输入端。

双击示波器图标打开示波器，适当调节示波器相关参数，使示波器显示窗口显示出易于观察的两个相位不同的正弦波形 u_1 及 u_2，如图 2-4 所示。根据两波形在水平方向差距 X，及信号周期 X_T，可求得两波形相位差。

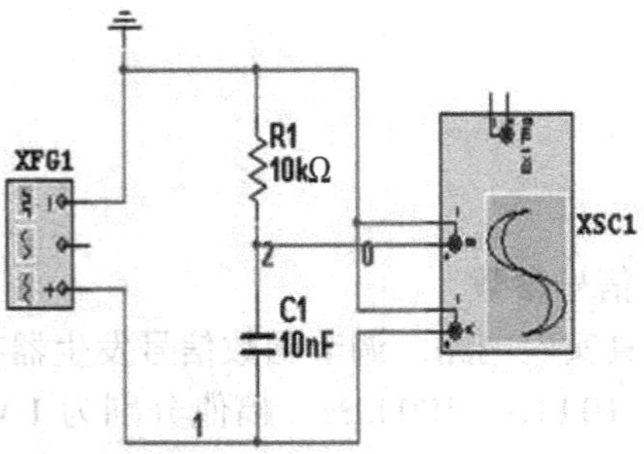

图 2-3 两波形间相位差测量电路

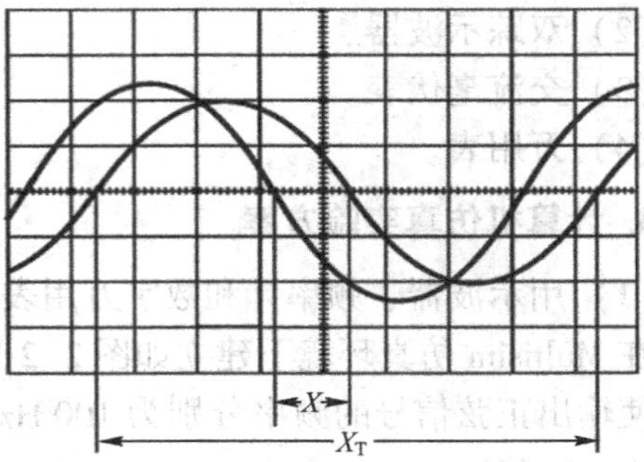

图 2-4 双踪示波器显示两相位不同的正弦波

$$\theta=\frac{X}{X_T}\times 360^\circ$$

式中 X_T—— 一周期所占格数（Div）；

X——两波形在 X 轴方向差距格数（Div）。

记录两波形相位差于表 2-2。

表 2-2 两波形相位差测量表

一周期格数	两波形 X 轴差距格数	相 位 差	
		实 测 值	计 算 值
$X_T=$	$X=$	$\theta=$	$\theta=$

4. 实验室操作实验方案

（1）用机内校正信号对示波器进行自检

根据要求自行连接实验电路，适当调节示波器相关参数，即可方便测得校正信号（校正信号为一波形参数固定不变的方波）的各项波形参数，同时把实验数据记入表 2-3 中。

表 2-3 机内校正信号测量表

校正信号波形参数	标 准 值	实 测 值
幅度 U_{p-p}/V	3	
频率 f/kHz	1.00	
上升沿时间/μs	无	
下降沿时间/μs	无	

说明：①不同型号示波器标准值有所不同，请按所使用示波器将标准值填入表格中。②在测量上升沿时间和下降沿时间时，为了能清楚地观察到校正信号波形的上升和下降过程，一般来说应该适当放大示波器水平方向灵敏度。

（2）用示波器和交流毫伏表测量正弦信号参数

根据要求自行连接实验电路，调节函数信号发生器有关参数，使输出正弦信号的频率分别为 100 Hz、1 kHz、10 kHz、100 kHz，峰 - 峰值分别为 2 V、3 V、4 V、5 V。

改变示波器“扫速”开关及“Y 轴灵敏度”开关等位置，测量信号发生器输出电压频率、周期、峰 - 峰值及幅值；用毫伏表测量正弦信号有效值。记入表 2-4。

表 2-4　正弦信号参数测量表

信号电压频率 f/kHz	信号电压峰-峰值 U_{p-p}/V	示波器测量值				毫伏表测量值
		周期 T/ms	频率 f/Hz	峰-峰值 U_{p-p}/V	幅值 U_m/V	有效值 U/V
100 Hz	2					
1 kHz	3					
10 kHz	4					
100 kHz	5					

（3）测量两波形间相位差

按图 2-5 连接实验电路，将函数信号发生器的输出电压调至频率为 1 kHz，幅值为 2 V 的正弦波，经 RC 移相网络获得频率相同但相位不同的两路信号 u_i 和 u_R，分别加到双踪示波器的 CH1 和 CH2 输入端。

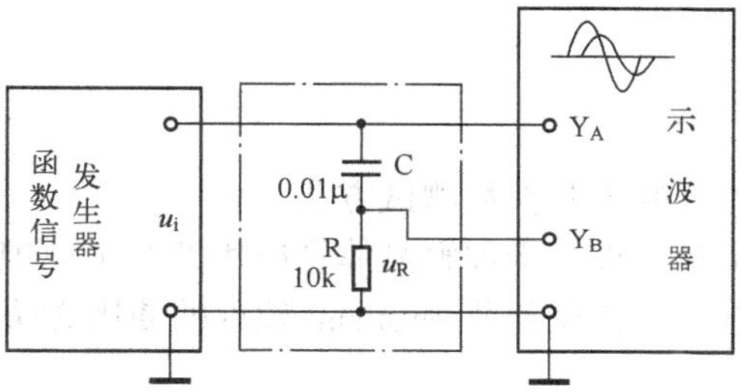

图 2-5　两波形间相位差测量电路

适当调节示波器相关参数，使在显示屏上显示出易于观察的两个相位不同的正弦波形 u_i 及 u_R，如图 2-4 所示。根据两波形在水平方向差 X 及信号周期 X_T，则可求得两波形相位差。具体计算方法和实验步骤参照仿真实验部分的“测量两波形间相位差”的相关要求进行。

为读数和计算方便，可适当调节扫速开关及微调旋钮，使波形一周期占整数格。

2.1.3　实验预习与总结

1. 预习要求

（1）阅读实验教材中关于实验仪器和 Multisim 软件两部分内容，初步了解各种仪器及 Multisim 软件的功能及使用方法。

（2）已知 $C=0.01\ \mu F$、$R=10\ k\Omega$，计算图 2-5 所示 RC 移相网络的阻抗角 θ。

（3）完成电路仿真的内容，列表整理相关实验数据并绘出相应的波形图。

2. 实验总结与思考

（1）整理实验数据，并进行分析。

（2）函数信号发生器有哪几种输出波形？它的输出端能否短接，如用屏蔽线作为输出引线，则屏蔽层一端应该接在哪个接线柱上？

（3）交流毫伏表是用来测量正弦波电压还是非正弦波电压的？它是否可以用来测量直流电压？

(4) 问题讨论

1) 如何操作示波器有关旋钮（按钮），以便从示波器显示屏上观察到稳定、清晰的波形?

2) 在利用示波器显示波形，并要求比较相位时，为了在显示屏上得到稳定波形，应如何操作相关旋钮（按钮）?

3) 在利用示波器手动精确测量波形参数时，应如何操作相关旋钮（按钮）?

4) Multisim 仿真实验环境和实验室操作实际环境有什么不同?

3. 实验报告要求

(1) 完成实验操作的内容，列表整理相关实验数据并绘出相应的波形图。

(2) 分析实验中产生的现象和问题。

(3) 实验报告的写作要规范。

2.2 晶体管的参数测试及基本应用

2.2.1 实验目的

(1) 掌握二极管、晶体管的主要参数测试方法。

(2) 通过基本电路的实验，进一步理解晶体管应用的基本原理。

(3) 进一步巩固相关电子仪器设备及 Multisim 软件的使用方法。

2.2.2 实验内容

1. 实验原理

(1) 二极管引脚极性的判别

二极管可用数字万用表进行引脚识别和检测。将数字万用表置于“二极管”档，两表笔分别接到二极管的两端，如果测得的导通电压降较小（一般显示为 0.1 ~ 1.8 V 之间的某一电压值），说明正表笔所接端子为正极，另外一端为负极；如果测得的导通电压降较大（一般显示为超量程标志，而不是一个具体的电压值），则说明正表笔所接端子为负极，另外一端为正极。

(2) 晶体管类型及引脚极性的判别

首先将万用表打到“二极管”档，用数字万用表的一支表笔接触晶体管的一个引脚，而用数字万用表另外的一只表笔去测试其余的引脚，直到测试出如下结果：

1) 如果黑表笔接晶体管的一个引脚，而用红表笔接另外两个引脚都导通并有电压显示，那么此晶体管为 PNP 晶体管，且黑表笔所接的引脚为晶体管的基极 B，用上述方法测试时，如果万用表的红表笔接晶体管的一个引脚的电压稍高，那么此引脚为晶体管的发射极 E，剩下的电压偏低的那个引脚为集电极 C。

2) 如果红表笔接晶体管的一个引脚，而用黑表笔接另外两个引脚都导通并有电压显示，那么此晶体管为 NPN 晶体管，且红表笔所接的引脚为晶体管的基极 B，用上述方法测试时，如果万用表的黑表笔接晶体管的一个引脚的电压稍高，那么此引脚为晶体管的发射极 E，剩下的电压偏低的那个引脚为集电极 C。

（3）二极管整流电路工作原理

二极管实际上是由一个 P－N 结构成的，它具有单向导电性，能使交流电变为直流电，这种作用称为整流。所谓单向导电性就是二极管在正向电压作用下，二极管导通，而在反向电压作用下，二极管不导通。整流电路的种类很多，有半波整流电路、全波整流电路、倍压整流电路等，这里只介绍前两种整流电路的工作原理。

1）半波整流电路

半波整流电路的电路原理图如图 2-6 所示。

设 u_2 为正弦波，当 u_2 为正半周时，A 点电位高于 B 点电位，二极管 VD 正偏导通，则 $u_L \approx u_2$；当 u_2 为负半周时，A 点电位低于 B 点电位，二极管 VD 反偏截止，则 $u_L \approx 0$。最终，u_2 及输出电压 u_L 的波形如图 2-7 所示，由波形可见，u_2 一周期内，负载只用单方向的半个波形，这种大小波动、方向不变的电压或电流称为脉动直流电。上述过程说明，利用二极管单向导电性可把交流电 u_2 变成脉动直流电 u_L。由于电路仅利用 u_2 的半个波形，故称为半波整流电路。

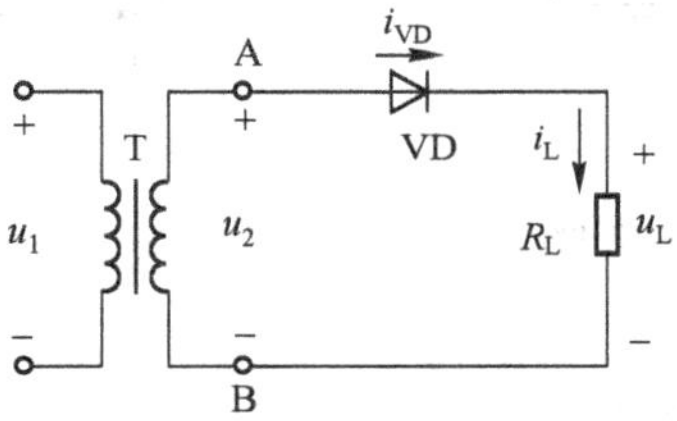

图 2-6　半波整流电路

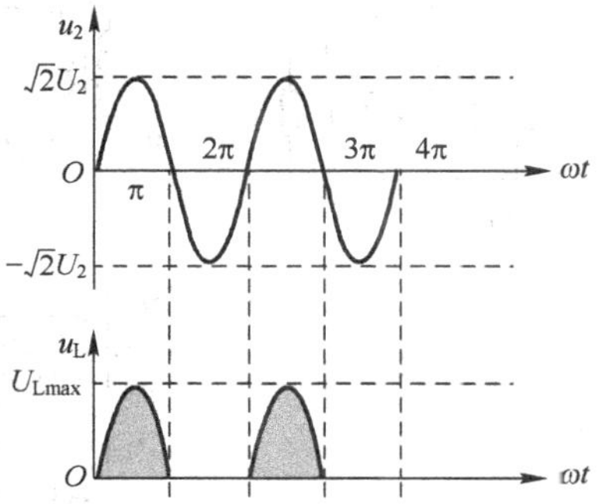

图 2-7　半波整流电路波形图

2）全波整流电路

一般意义上的全波整流电路指的是变压器中心抽头式的全波整流电路，这种整流电路可以看作是由两个半波整流电路组合成的。变压器次级线圈中间需要引出一个抽头，把次组线圈分成两个对称的绕组，从而引出大小相等但极性相反的两个电压输出 u_{2a} 和 u_{2b}，其电路原理图如图 2-8 所示。

设 u_1 为正弦波，当 u_1 为正半周时，T 次级 A 点电位高于 B 点电位，在 u_{2a} 作用下，VD_1 导通（VD_2 截止），i_{V1} 自上而下流过 R_L；当 u_1 为负半周时，T 次级 A 点电位低于 B 点电位，在 u_{2b} 的作用下，VD_2 导通（VD_1 截止），i_{V2} 自上而下流过 R_L；最终，u_{2a}、u_{2b} 及输出电压 u_L 的波形如图 2-9 所示。

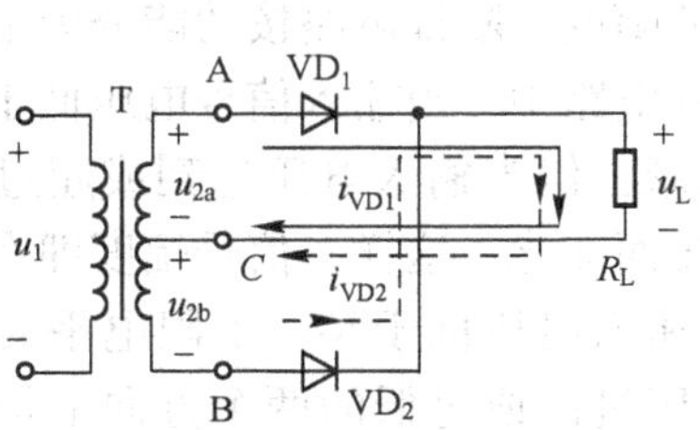

图 2-8　全波整流电路

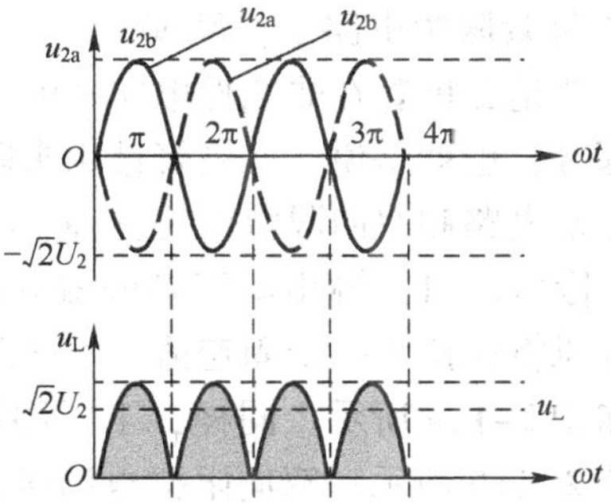

图 2-9　全波整流电路波形图

可见，在 u_1 一周期内，流过二极管的电流 i_{VD1}、i_{VD2} 叠加形成全波脉动直流电流 i_L，于是 R_L 两端产生全波脉动直流电压 u_L。故电路称为全波整流电路。

3）桥式全波整流电路

桥式整流电路是使用最多的一种整流电路。这种电路，只要增加两个二极管，即4个二极管互相连接成“桥”式结构，便具有了上述全波整流电路的功能。其电路原理图如图2-12a所示。

设 u_1 为正弦波，当 u_2 正半周时，如图2-10b所示，A点电位高于B点电位，则 VD_1、VD_3 导通（VD_2、VD_4 截止），i_1 自上而下流过负载 R_L；当 u_2 负半周时，如图2-10c所示，A点电位低于B点电位，则 VD_2、VD_4 导通（VD_1、VD_3 截止），i_2 自上而下流过负载 R_L。

由图2-10d可见，u_2 一周期内，两组整流二极管轮流导通产生的单方向电流 i_1 和 i_2 叠加形成了 i_L。于是负载得到全波脉动直流电压 u_L。

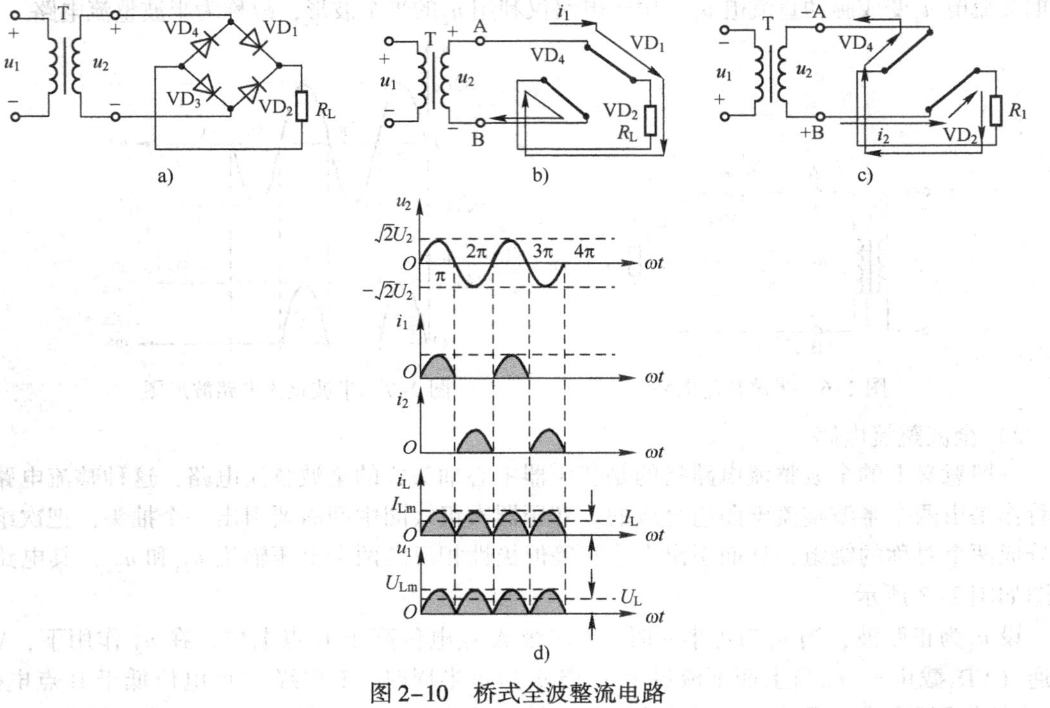

图2-10　桥式全波整流电路

a）电路原理图　b）u_2 为正半周期的电流　c）u_2 为负半周期的电流　d）桥式整流电路工作波形图

（4）二极管限幅电路工作原理

限幅电路是二极管在非线性电路中的一种应用。它的作用是消除信号中大于或小于某一特定值的部分，也就是说，二极管被用来限制信号的幅度。限幅电路按功能分为上限限幅电路、下限限幅电路和双向限幅电路三种。在上限限幅电路中，当输入信号电压低于某一事先设计好的上限电压时，输出电压将随输入电压而增减；但当输入电压达到或超过上限电压时，输出电压将保持为一个固定值，不再随输入电压而变化，这样，信号幅度即在输出端受到限制，如图2-11a所示。同样，下限限幅电路在输入电压低于某一下限电平时产生限幅作用，如图2-11b所示；双向限幅电路则在输入电压过高或过低的两个方向上均产生限幅作用，如图2-11c所示。

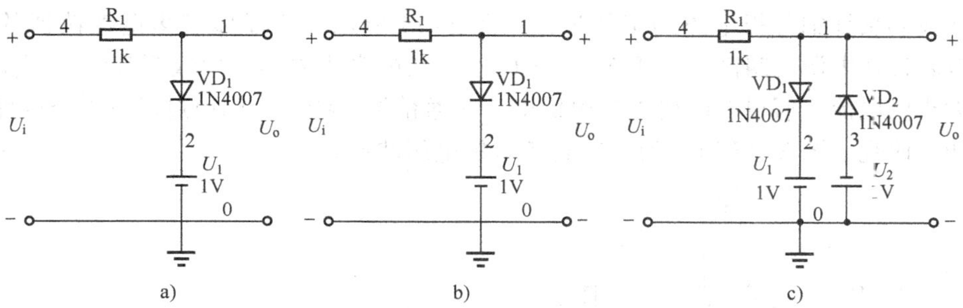

图 2-11　二极管限幅电路

a）上限限幅电路　b）下限限幅电路　c）双限限幅电路

（5）二极管钳位电路原理

钳位电路的作用是使整个信号电压进行直流平移，当电路稳定后，输出波形与输入波形完全相同，只是相对输入波形多了一个直流分量，而直流分量的大小取决于电路本身的参数。图 2-12 给出了一种二极管钳位电路。以输入正弦电压 $u_i = U_m \sin\omega t$ 来分析其钳位作用。为分析简单起见，假设电容初态电压 $u_C(0) = 0$，二极管 VD_1 为理想二极管。当时间为 $T/4$ 时，信号电压 u_i 达到其峰值 U_m，电容上的电压也被充到峰值 U_m，而后，u_i 下降，二极管处于反偏状态，电容上的电压 u_C 将保持 U_m。因此，在稳定状态下，可得到输出电压 $u_o = -u_C + u_i = -U_m + U_m \sin\omega t = U_m(\sin\omega t - 1)$。

由此可知，输出电压被钳住，输入输出的交流波形相同，但输出波形相对输入波形进行了 $-U_m$ 的直流平移。

（6）晶体管驱动电路原理

当晶体管工作在放大区时，能够起到电流放大的作用。在实际应用中，一些需要较大电流驱动的器件（如发光二极管、蜂鸣器等）就可以利用晶体管的电流放大作用来进行驱动，图 2-13 给出了一种晶体管驱动电路。

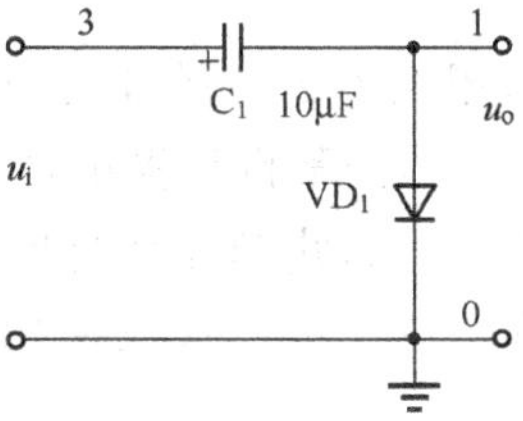

图 2-12　二极管钳位电路

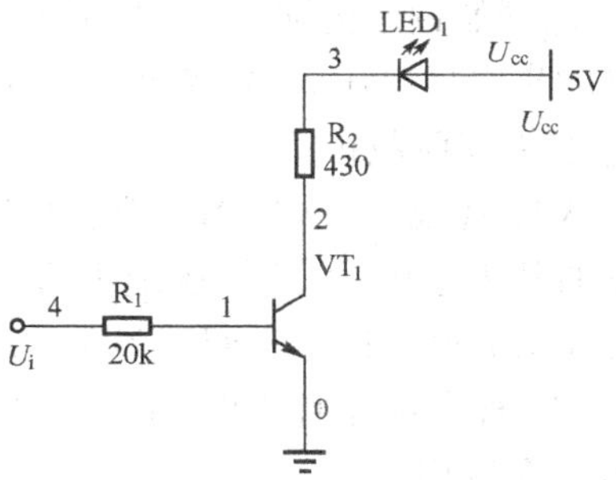

图 2-13　晶体管驱动电路

（7）晶体管多谐振荡器电路原理

当晶体管交替工作在饱和区和截止区时，就意味着晶体管工作在饱和状态。利用晶体管的开关工作状态可以构成一种简易的多谐振荡器。多谐振荡器是一种简单的振荡电路，它不需要外加激励信号便能连续地、周期性地自行产生矩形脉冲。该脉冲是由基波和多次谐波构成的，因此称为多谐振荡器电路。多谐振荡器可以由晶体管构成，也可以用 555 或者通用门电路等来构成。用两只晶体管组成的多谐振荡器，通常叫作晶体管多谐振荡器。

下面我们来详细分析电路的工作过程。图 2-14 所示即为晶体管多谐振荡器的原理电路。在电路接通电源的瞬间，由于 VT_1、VT_2 管参数的微小差异，导致两管中不可能同时流过相同大小的电流，假设 VT_1 管的集电极电流流通稍早一些，我们通过以下 4 个过程对电路的工作加以研究。图 2-15 所示为 VT_2 管集电极电压波形。

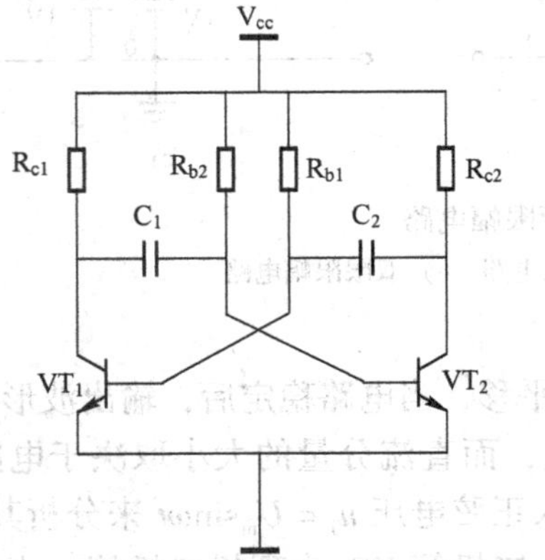

图 2-14　晶体管多谐振荡器

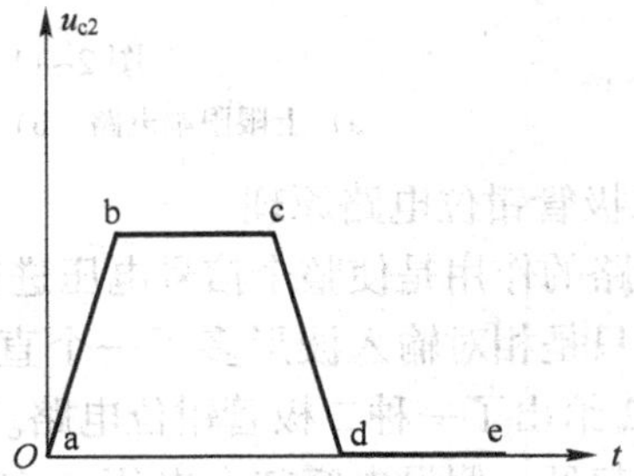

图 2-15　VT_2 管集电极电压波形

a ~ b 期间：由于 VT_1 管集电极电流增大 Δi_{c1}，VT_1 管的集电极电压 u_{c1} 降低 $R_{c1}\Delta i_{c1}$，这个电压通过 C_1 以负脉冲的形式加到 VT_2 管的基极上，使 VT_2 管的集电极电流减小 Δi_{c2}，集电极电压 u_{c2} 升高 $R_{c2}\Delta i_{c2}$。该电压变化又通过 C_2 以正脉冲的形式正反馈到 VT_1 管的基极上，使原先 VT_1 管的集电极电流增量 Δi_{c1} 进一步增加。i_{c1} 的急剧增大，VT_1 管的迅速饱和，而 i_{c2} 急剧减小直到为零，VT_2 迅速截止。

b ~ c 期间：VT_1 管饱和，VT_2 管截止，同时 C_1 上积累的电荷开始通过 R_{b2} 及 VT_1 管的内阻放电，此时 VT_2 管的基极电压 u_{b2} 开始逐渐上升，至 c 时刻 VT_2 的基极电压达到导通条件，VT_2 管导通，i_{c2} 开始流通。

c ~ d 期间：i_{c2} 开始逐渐流通后，VT_2 管集电极电压 u_{c2} 降低，该电压通过 C_2 加到 VT_1 的基极上，VT_1 管的集电极电压 u_{c1} 的变化又使 VT_2 管的电流急剧增加，故 VT_2 管很快达到饱和，VT_1 管的 i_{c1} 变为零而截止。

d ~ e 期间：VT_1 管截止，VT_2 管饱和，同时 C_2 上积累的电荷开始通过 R_{b1} 及 VT_2 管的内阻放电，VT_1 管的基极电压 u_{b1} 开始逐渐上升，至 e 时刻 VT_1 管的基极电压达到导通条件，VT_1 管导通，i_{c1} 开始流通。这样又回到和 a ~ b 相同的情况。如此循环往复形成方波振荡。

由于 VT_1、VT_2 管交替导通截止，因此 VT_1、VT_2 管的输出电压仅仅在相位上相差 180°，波形为对称方波。振荡周期为

$$T \approx 0.7(R_{b1}C_2 + R_{b2}C_1)$$

一般取 $C_1 = C_2 = C$，$R_{b1} = R_{b2} = R_b$，则上式变为 $T \approx 1.4R_bC$

2. 实验仪器与设备

(1) 函数信号发生器。
(2) 双踪示波器。
(3) 交流毫伏表。
(4) 万用表。

3. 计算机仿真实验方案

(1) 二极管整流电路

1) 半波整流

分别从元件库和实验仪器库中调出图 2-16 所示的所有元器件（注意器件参数）和虚拟实验仪器，并连接好电路图。

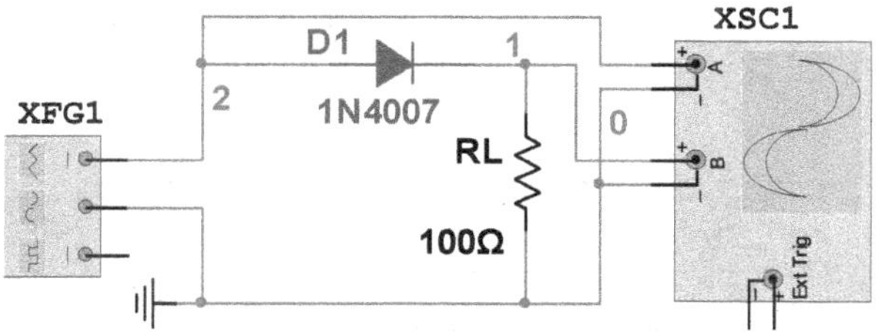

图 2-16　半波整流仿真实验电路

设置函数发生器，使之输出峰值为 2 V，频率为 100 Hz 的正弦波实验信号。单击仿真按钮，用示波器观察整流前后的波形并对其进行记录和分析。图 2-17 所示为其参考波形显示。

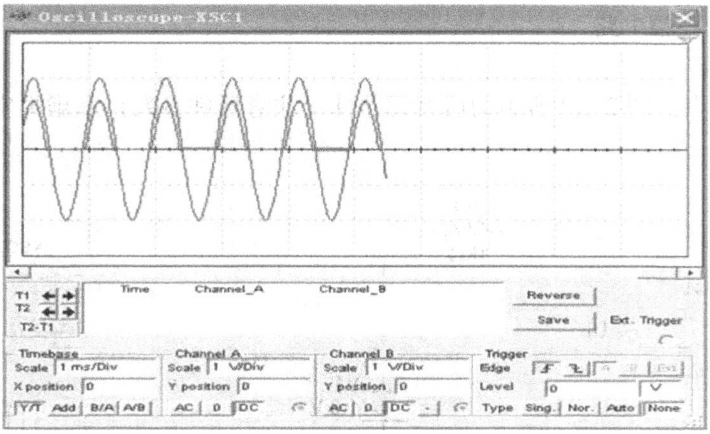

图 2-17　半波整流仿真实验波形

2) 桥式全波整流

从元件库中调出图 2-18 所示的所有元器件（注意器件参数）和虚拟实验仪器，并连接好电路图。

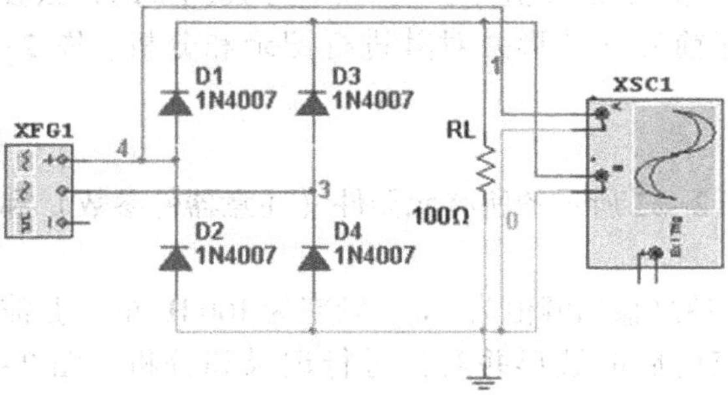

图 2-18　桥式整流仿真实验电路

设置函数发生器，使之输出峰值为3 V，频率为100 Hz的正弦波实验信号。单击仿真按钮，用示波器观察整流前后的波形并对其进行记录和分析。图2-19所示为其参考波形显示。

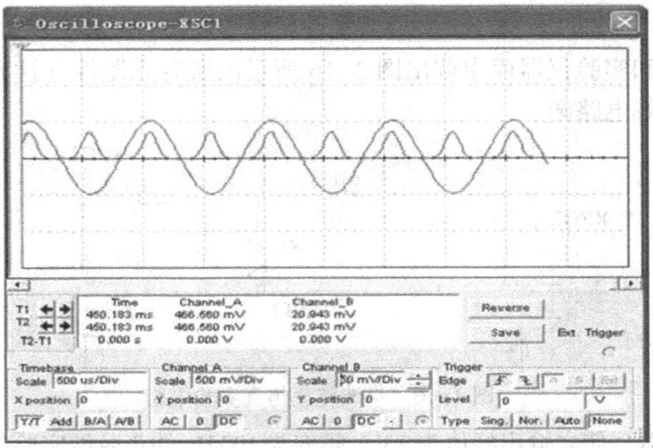

图2-19　桥式整流仿真实验波形

（2）二极管限幅电路

1）单向限幅

从元件库中调出图2-20所示的所有元器件（注意器件参数）和虚拟实验仪器，并连接好电路图。

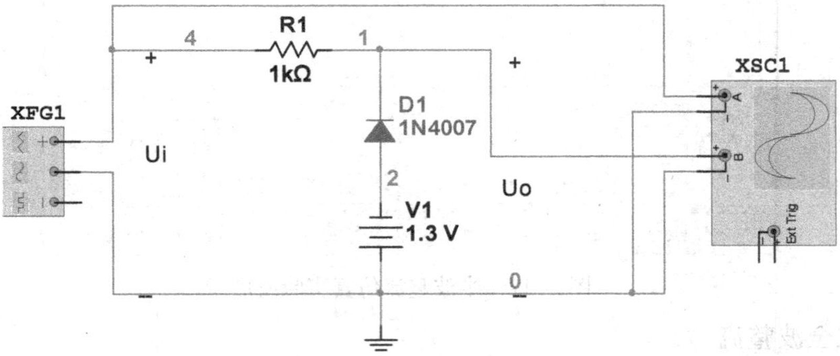

图2-20　单向限幅仿真实验电路

设置函数发生器，使之输出峰值为3 V，频率为100 Hz的正弦波实验信号。单击仿真按钮，用示波器观察整流前后的波形并对其进行记录和分析。图2-21所示为其参考波形显示。

2）双向限幅

从元件库中调出图2-22所示的所有元器件（注意器件参数）和虚拟实验仪器，并连接好电路图。

设置函数发生器，使之输出峰值为3 V，频率为100 Hz的正弦波实验信号。启动仿真按钮，用示波器观察整流前后的波形并对其进行记录和分析。图2-23所示为其参考波形显示。

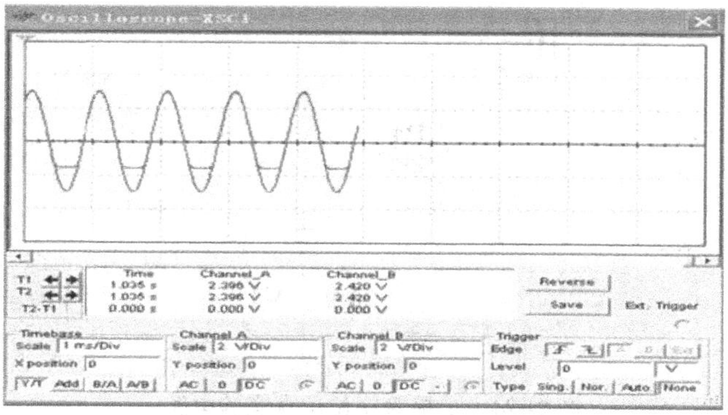

图 2-21　单向限幅仿真实验波形

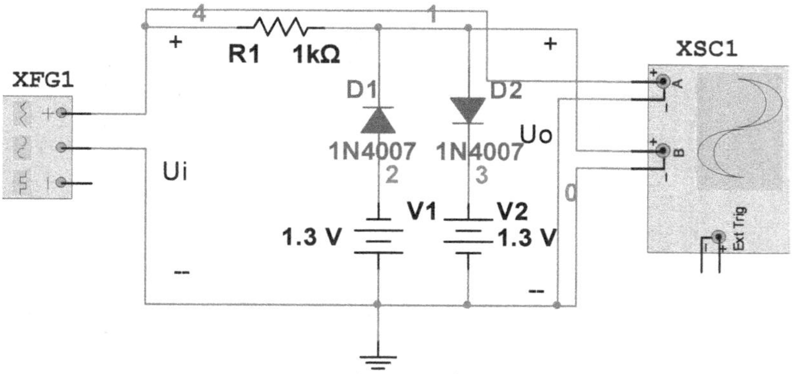

图 2-22　双向限幅仿真实验电路

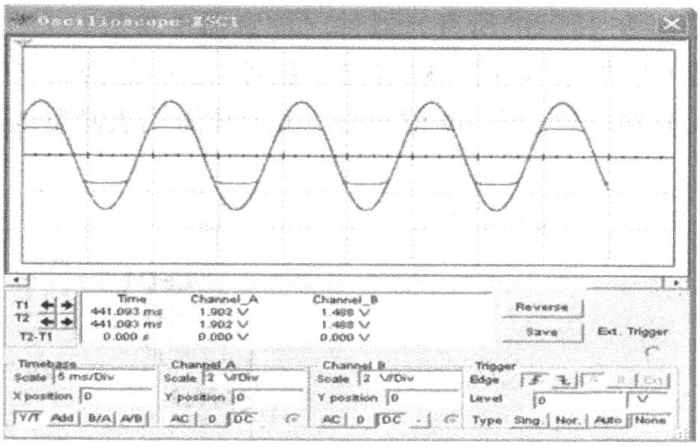

图 2-23　双向限幅仿真实验波形

(3) 二极管钳位电路

从元件库中调出图 2-24 所示的所有元器件（注意器件参数）和虚拟实验仪器，并连接好电路图。

设置函数发生器，使之输出幅值为 5 V，频率为 2 kHz 的方波实验信号。单击仿真按钮，用示波器观察整流前后的波形并对其进行记录和分析。图 2-25 所示为其参考波形显示。

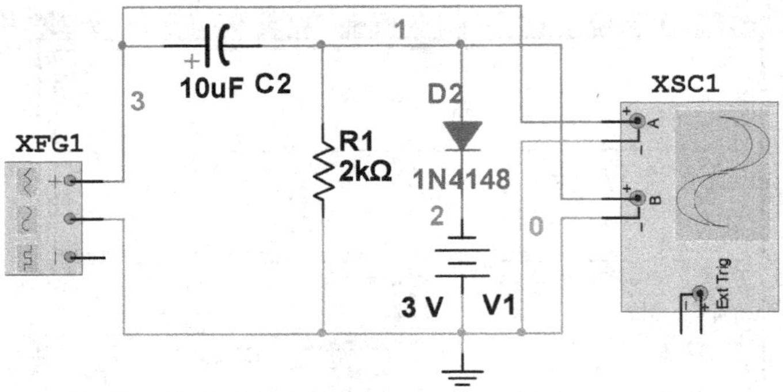

图 2-24 二极管钳位仿真实验电路

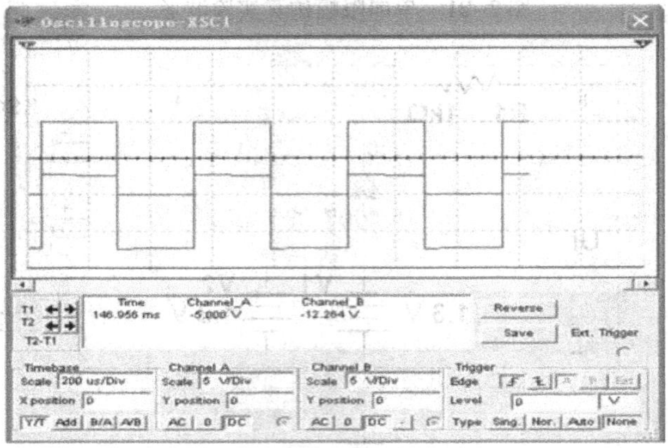

图 2-25 二极管钳位仿真实验波形

（4）晶体管驱动电路

从元件库中调出图 2-26 所示的所有元器件（注意器件参数），并连接好电路图。单击仿真按钮，调整电位器 R4 的值，同时观察发光二极管 LED1 是否点亮，当观察到发光二极管刚好点亮（开始发光）时，停止对 R4 的调整。此时用万用表测量以下几个电压量并对其进行记录和分析。

$U_i =$　　　　$I_C = U_{R2}/R2 =$　　　　$U_{CE} =$　　　　$U_{BE} =$

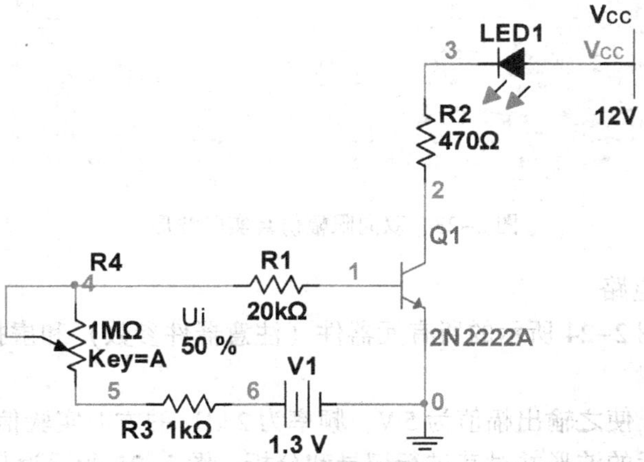

图 2-26 晶体管驱动仿真实验电路

(5) 晶体管多谐振荡器电路

从元件库中调出图 2-27 所示的所有元器件（注意器件参数）和虚拟实验仪器，并连接好电路图。

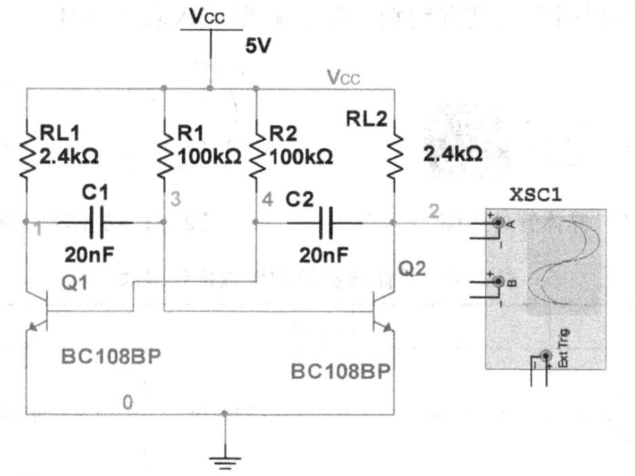

图 2-27 晶体管多谐振荡器仿真实验电路

单击仿真按钮，用示波器观察整流前后的波形并对其进行记录和分析。图 2-28 所示为其参考波形显示。

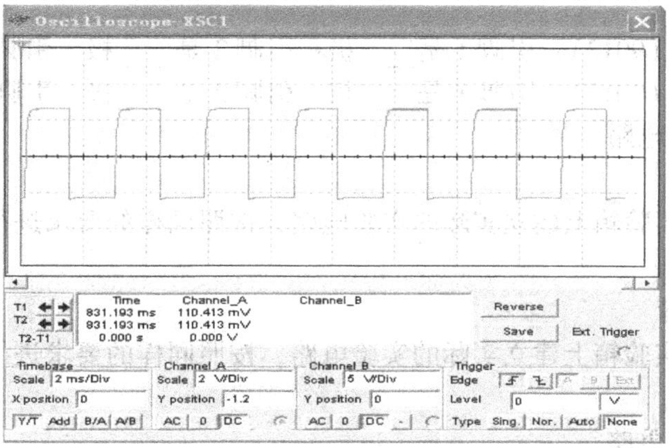

图 2-28 晶体管多谐振荡器仿真实验波形

4. 实验室操作实验方案

(1) 判别二极管引脚极性

普通二极管的外形如图 2-29 所示，参照实验原理中二极管引脚极性的判别方法进行判别，测量数据填入表 2-5 中。

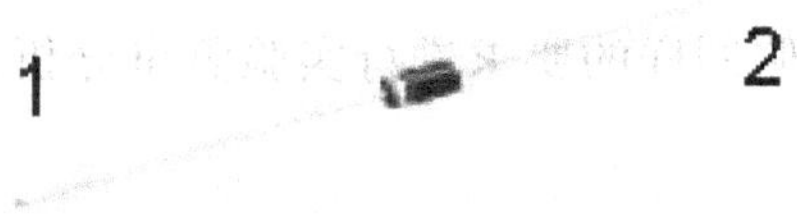

图 2-29 二极管外形图

表 2-5 二极管导通电压测量记录表

型　号	IN4007	LED
正向导通电压		
反向导通电压		

结论：引脚 1 是____极　引脚 2 是____极。

（2）判别晶体管类型、引脚极性

普通晶体管的外形如图 2-30 所示，常见引脚排列如图 2-31 所示。参照实验原理中晶体管类型及引脚极性的判别方法进行判别，测量数据填入表 2-6 中。

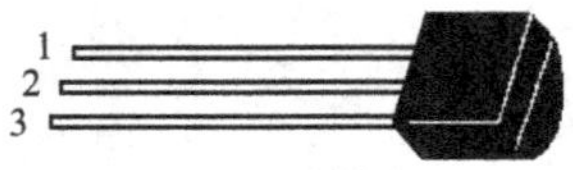

图 2-30　晶体管外形图

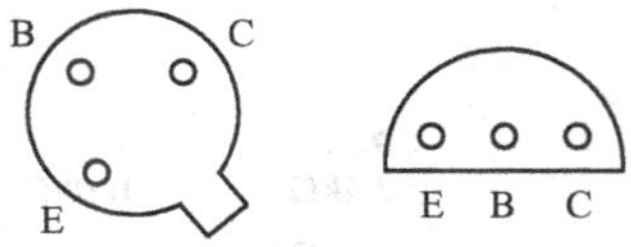

图 2-31　晶体管引脚排列

表 2-6　晶体管参数测量数据记录表

序　号	正笔接 2 脚		负笔接 2 脚	
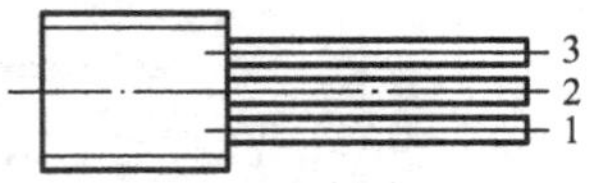	1－2 间电压	2－3 间电压	1－2 间电压	2－3 间电压
晶体管 1（9012）				
晶体管 2（9013）				
所测晶体管类型（PNP 或 NPN）：管 1：		管 2：		

结论：晶体管 1（9012）：引脚 1 是____极；引脚 2 是____极；引脚 3 是____极。

　　　晶体管 2（9013）：引脚 1 是____极；引脚 2 是____极；引脚 3 是____极。

（3）二极管整流电路

1）半波整流

参照图 2-16 在实验箱上建立实际的实验电路，按照同样的要求进行实验测量分析，并和仿真结果进行比较。

2）桥式全波整流

参照图 2-18 在实验箱上建立实际的实验电路，按照同样的要求进行实验测量分析，并和仿真结果进行比较。

（4）二极管限幅电路

1）单向限幅

参照图 2-20 在实验箱上建立实际的实验电路，按照同样的要求进行实验测量分析，并和仿真结果进行比较。

2）双向限幅

参照图 2-22 在实验箱上建立实际的实验电路，按照同样的要求进行实验测量分析，并和仿真结果进行比较。

（5）二极管钳位电路

参照图 2-24 在实验箱上建立实际的实验电路，按照同样的要求进行实验测量分析，并和仿真结果进行比较。

（6）晶体管驱动电路（电平指示电路）

参照图 2-26 在实验箱上建立实际的实验电路，按照同样的要求进行实验测量分析，并和仿真结果进行比较。

(7) 晶体管多谐振荡器

参照图 2-27 在实验箱上建立实际的实验电路，按照同样的要求进行实验测量分析，并和仿真结果进行比较。

2.2.3 实验预习与总结

1. 预习要求

(1) 了解二极管、晶体管的相关参数及其特征。

(2) 完成电路仿真的内容，列表整理相关实验数据并绘出相应的波形图。

2. 实验总结与思考

(1) 整理实验数据，准确地绘制相关的波形，并进行分析。

(2) 整流电路实验中 Multisim 仿真实验的结果和实际实验操作的结果有何区别，为什么？

3. 实验报告要求

(1) 完成实验操作的内容，列表整理相关实验数据并绘出相应的波形图。

(2) 分析实验中产生的现象和问题。

(3) 实验报告的写作要规范。

2.3 晶体管放大器

2.3.1 实验目的

1) 掌握单级晶体管电压放大器静态工作点的设置与调整方法，熟悉放大器的主要性能指标及其测试方法。

2) 进一步巩固相关电子仪器设备及 Multisim 软件的使用方法。

2.3.2 实验内容

1. 实验原理

图 2-32 为电阻分压式工作点稳定单管放大器实验电路图。它的偏置电路采用 R_{B1} 和 R_{B2} 组成的分压电路，并在发射极中接有电阻 R_E，以稳定放大器的静态工作点。当在放大器的输入端加入输入信号 u_i 后，在放大器的输出端便可得到一个与 u_i 相位相反、幅值被放大的输出信号 u_o，从而实现了电压放大。

在图 2-32 电路中，当流过偏置电阻 R_{B1} 和 R_{B2} 的电流远大于晶体管 VT 的基极电流 I_B 时（一般 5 ~ 10 倍），则它的静态工作点可用下式估算：

$$U_B \approx \frac{R_{B1}}{R_{B1}+R_{B2}}U_{CC}$$

$$I_E \approx \frac{U_B - U_{BE}}{R_E} \approx I_C$$

$$U_{CE} = U_{CC} - I_C(R_C + R_E)$$

电压放大倍数的估算：

$$A_V = -\beta \frac{R_C // R_L}{r_{be}}$$

输入电阻的估算：

$$R_i = R_{B1} // R_{B2} // r_{be}$$

输出电阻的估算：

$$R_o \approx R_C$$

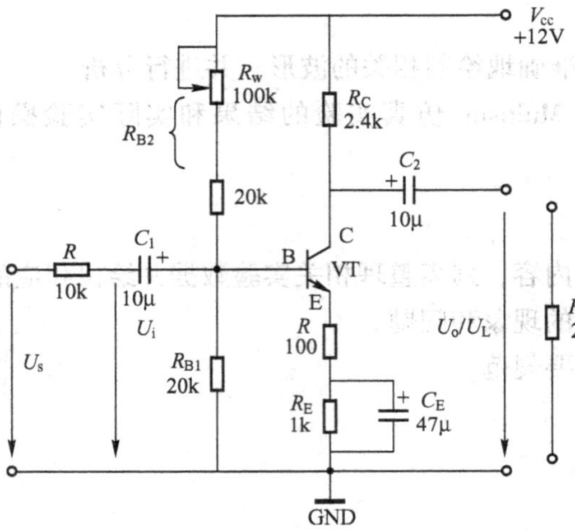

图 2-32 共射极单管放大器实验电路

由于电子器件性能的分散性比较大，因此在设计和制作晶体管放大电路时，离不开测量和调试技术。在设计前应测量所用元器件的参数，为电路设计提供必要的依据，在完成设计和装配以后，还必须测量和调试放大器的静态工作点和各项性能指标。一个优质放大器，必定是理论设计与实验调整相结合的产物。因此，除了学习放大器的理论知识和设计方法外，还必须掌握必要的测量和调试技术。

放大器的测量和调试一般包括：放大器静态工作点的测量与调试，放大器各项动态参数的测量与调试，及消除干扰与自激振荡等。

(1) 放大器静态工作点的测量与调试

1) 静态工作点的测量

测量放大器的静态工作点，应在输入信号 $u_i = 0$ 的情况下进行，即将放大器输入端与地端短接，然后选用量程合适的直流毫安表和直流电压表，分别测量晶体管的集电极电流 I_C 以及各电极对地的电位 U_B、U_C 和 U_E。一般实验中，为了避免断开集电极，所以采用测量电压 U_E 或 U_C，然后算出 I_C 的方法，例如，只要测出 U_E，即可用

$I_C \approx I_E = U_E/R_E$ 算出 I_C（也可根据 $I_C = (U_{CC} - U_C)/R_C$，由 U_C 确定 I_C），同时也能算出 $U_{BE} = U_B - U_E$，$U_{CE} = U_C - U_E$。

为了减小误差，提高测量精度，应选用内阻较高的直流电压表。

2）静态工作点的调试

放大器静态工作点的调试是指对晶体管集电极电流 I_C（或 U_{CE}）的调整与测试。

静态工作点是否合适，对放大器的性能和输出波形都有很大影响。如果工作点偏高，放大器在加入交流信号以后易产生饱和失真，此时 u_o的负半周将被削底，如图 2-33a 所示；如果工作点偏低则易产生截止失真，即 u_o的正半周被缩顶（一般截止失真不如饱和失真明显），如图 2-33b 所示。这些情况都不符合不失真放大的要求。所以在选定工作点以后还必须进行动态调试，即在放大器的输入端加入一定的输入电压 u_i，检查输出电压 u_o的大小和波形是否满足要求。如果不满足，则应调节静态工作点的位置。

改变电路参数 U_{CC}、R_C、R_B（R_{B1}、R_{B2}）都会引起静态工作点的变化，如图 2-34 所示。但通常多采用调节偏置电阻 R_{B2}的方法来改变静态工作点，如减小 R_{B2}使静态工作点提高等。

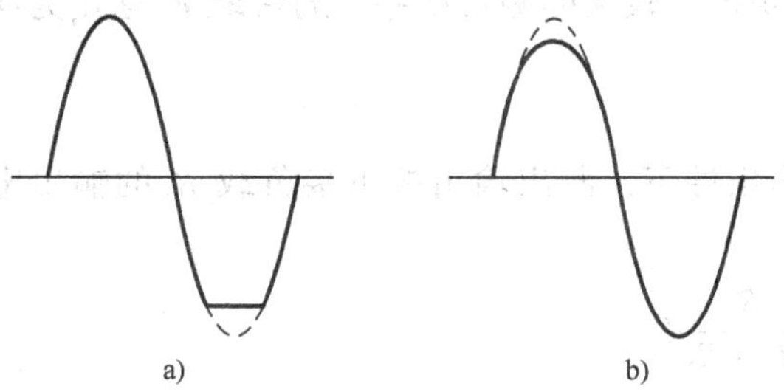

图 2-33　静态工作点对 u_o波形失真的影响

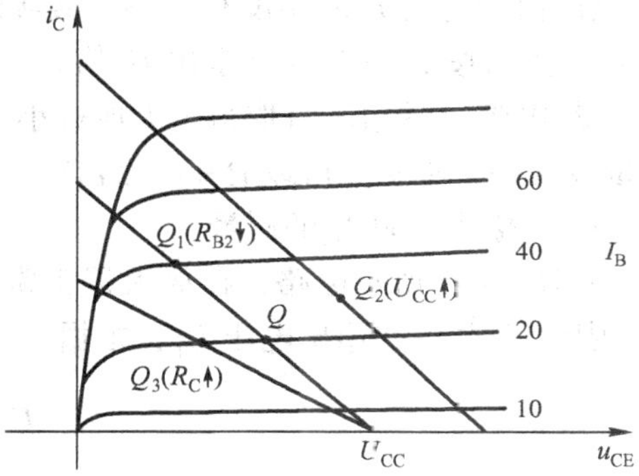

图 2-34　电路参数对静态工作点的影响

最后还要说明的是，上面所说的工作点“偏高”或“偏低”不是绝对的，应该是相对于信号的幅度而言，如果输入信号幅度很小，即使工作点较高或较低也不一定会出现失真。所以确切地说，产生波形失真是信号幅度与静态工作点设置配合不当所致。如需满足较大信号幅度的要求，静态工作点最好尽量靠近交流负载线的中点。

（2）放大器动态指标测试

放大器动态指标包括电压放大倍数、输入电阻、输出电阻、最大不失真输出电压（动态范围）和通频带等。

1）电压放大倍数 A_V的测量

调整放大器到合适的静态工作点，然后加入输入电压 u_i，在输出电压 u_o不失真的情况下，用交流毫伏表测出 u_i和 u_o的有效值 U_i和 U_o，则

$$A_V = \frac{U_o}{U_i}$$

2）输入电阻 R_i的测量

为了测量放大器的输入电阻，按图 2-35 所示电路在被测放大器的输入端与信号源之间串入一已知电阻 R，在放大器正常工作的情况下，用交流毫伏表测出 U_s和 U_i，则根据输入电阻的定义可得

$$R_i = \frac{U_i}{I_i} = \frac{U_i}{\frac{U_R}{R}} = \frac{U_i}{U_s - U_i}R$$

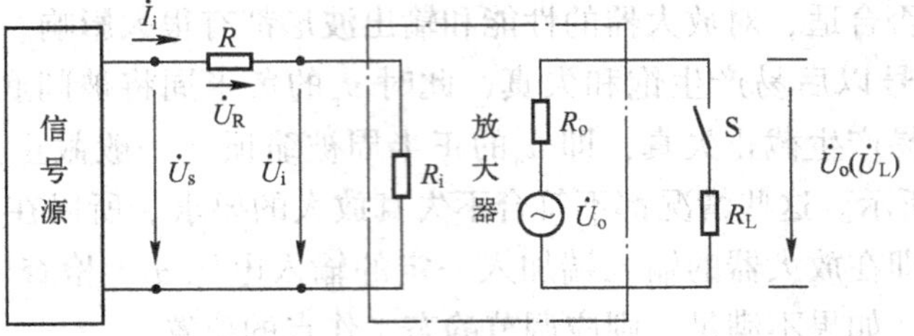

图 2-35 输入、输出电阻测量电路

测量时应注意下列几点：

① 由于电阻 R 两端没有电路公共接地点，所以测量 R 两端电压 U_R时必须分别测出 U_s和 U_i，然后按 $U_R = U_s - U_i$求出 U_R值。

② 电阻 R 的值不宜取得过大或过小，以免产生较大的测量误差，通常取 R 与 R_i为同一数量级为好，本实验可取 $R = 1 \sim 2\ \text{k}\Omega$。

（3）输出电阻 R_o的测量

按图 2-35 所示电路，在放大器正常工作条件下，测出输出端不接负载 R_L的输出电压 U_o和接入负载后的输出电压 U_L，根据

$$U_L = \frac{R_L}{R_o + R_L}U_o$$

即可求出

$$R_o = \left(\frac{U_o}{U_L} - 1\right)R_L$$

在测试中应注意，必须保持 R_L接入前后输入信号的大小不变。

（4）最大不失真输出电压 U_{oPP}的测量（最大动态范围）

如上所述，为了得到最大动态范围，应将静态工作点调在交流负载线的中点。为此在放大器正常工作情况下，逐步增大输入信号的幅度，并同时调节 R_W（改变静态工作点），用示波器观察 u_o，当输出波形同时出现削底和缩顶现象（见图 2-36）时，说明静态工作点已调在交流负载线的中点。然后反复调整输入信号，使波形输出幅度最大，且无明显失真，此时用交流毫伏表测出 U_o（有效值），则动态范围等于 $2\sqrt{2}U_o$。或用示波器直接读出 U_{oPP}来。

（5）放大器幅频特性的测量

放大器的幅频特性是指放大器的电压放大倍数 A_U与输入信号频率 f 之间的关系曲线。单管阻容耦合放大电路的幅频特性曲线如图 2-37 所示，A_{um}为中频电压放大倍数，通常规定电压放大倍数随频率变化下降到中频放大倍数的 $1/\sqrt{2}$ 倍，即 $0.707A_{um}$所对应的频率分别称为下限频率 f_L和上限频率 f_H，则通频带 $f_{BW} = f_H - f_L$

放大器的幅率特性就是测量不同频率信号时的电压放大倍数 A_U。为此，可采用前述测 A_U的方法，每改变一个信号频率，测量其相应的电压放大倍数，测量时应注意取点要恰当，在低频段与高频段应多测几点，在中频段可以少测几点。此外，在改变频率时，要保持输入

信号的幅度不变，且输出波形不得失真。

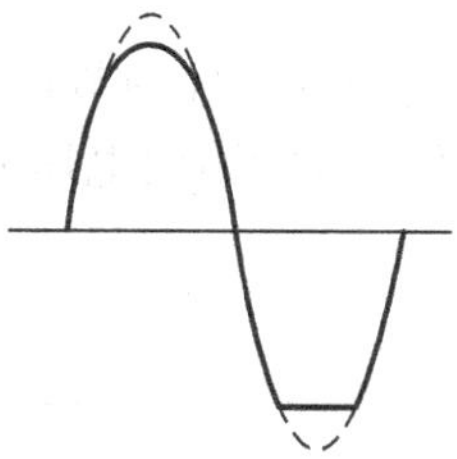

图 2-36　静态工作点正常，输入信号太大引起的失真

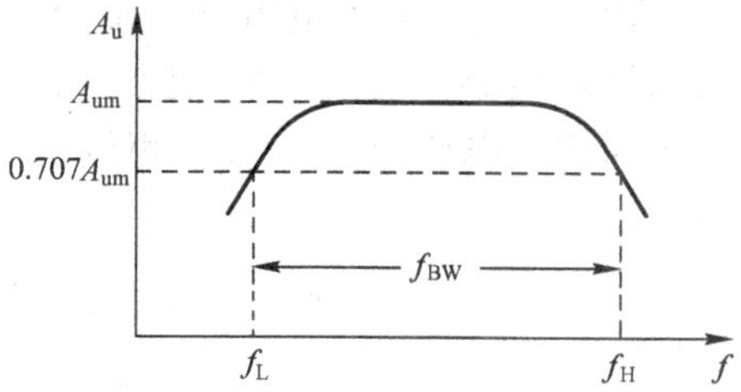

图 2-37　幅频特性曲线

2. 实验仪器与设备

(1) 函数信号发生器。
(2) 双踪示波器。
(3) 交流毫伏表。
(4) 万用表。

3. 计算机仿真实验方案

在 Multisim 仿真环境下建立如图 2-38 所示的仿真实验电路。

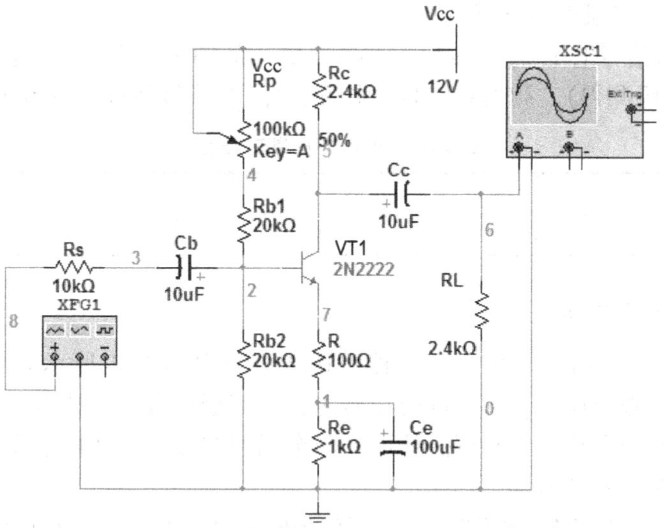

图 2-38　晶体管放大器仿真实验电路

(1) 调整和测量放大器静态工作点

撤掉函数信号发生器，短接电路输入端，使输入信号电压 $u_i=0$，调节 R_p，使集电极电位 $U_C=7.2\text{ V}$，即调整该放大电路静态工作电流 $I_C=(U_{CC}-U_C)/R_C=(12\text{ V}-7.2\text{ V})/2.4\text{ k}\Omega=2\text{ mA}$，测量此时的电压 U_B、U_E，将测量值记录填入表 2-7 中。

表 2-7　静态工作点测量记录表　（单位：V）

U_E	U_B	U_C	$U_{BE}=U_B-U_E$	$U_{CE}=U_C-U_E$

（2）测量放大器动态技术指标

1）电压放大倍数 A_u、输入电阻 R_i、输出电阻 R_o 的测量

调节函数信号发生器，使其输出正弦信号，频率 $f=1$ kHz（中频），且调节信号电压 U_s 的大小，使放大器输入电压 $U_i \approx 5$ mV。测量 U_s、U_i、U_{oL}（RL 接入时的输出电压），记录数据填入表 2-8 中。

表 2-8　动态技术指标测量记录表

实验测量值/mV	U_s	
	U_i	
	U_o	
	U_{oL}	
实验计算值	$A_u=\frac{U_o}{U}$	
	$R_i=\frac{U_i}{U-U_i}R$（单位：kΩ）	
	$R_o=\frac{U'_o-U_o}{U}R_L$（单位：kΩ）	

实验时注意用双踪示波器观察 u_i 和 u_o 的波形，应在输出波形不失真条件下进行测量，若有波形失真，应减小信号电压 U_s。

2）上限频率 f_H、下限频率 f_L 的测量

维持放大器输入信号电压 $U_i \approx 5$ mV，分别增大、减小信号频率，直至放大器输出电压降至 $0.707U_o$（前面已经测得），测出对应的上限频率 f_H 和下限频率 f_L，记录数据填入表 2-9 中。

表 2-9　通频带测量记录表　　（单位：kHz）

f_H	f_L	$f_{BW}=f_H-f_L$

4. 实验室操作实验方案

实验电路如图 2-32 所示。各电子仪器可按 2.1 节中图 2-1 所示方式连接，为防止干扰，各仪器的公共端必须连在一起，同时信号源、交流毫伏表和示波器的引线应采用专用电缆线或屏蔽线，如使用屏蔽线，则屏蔽线的外包金属网应接在公共接地端上。

（1）调试和测量静态工作点

接通直流电源前，先将 R_W 调至最大，为了保证输入电压 $U_i=0$，应将电路输入端短接（此时不应连接信号发生器，避免发生器信号端和接地端短接）。接通 +12 V 电源、调节 R_W，使集电极电位 $U_C=7.2$ V，即调整该放大电路集电极静态工作电流 $I_C=(U_{CC}-U_C)/R_C=2$ mA，用直流电压表测量 U_B、U_E 的值并记入表 2-10。

表 2-10　静态工作点测量记录表

测　量　值			计　算　值		
U_B/V	U_E/V	U_C/V	U_{BE}/V	U_{CE}/V	I_C/mA

（2）测量电压放大倍数

将电路输入端短接线断开后（撤掉短接线），在放大器信号输入端加入频率为 1 kHz 的正弦信号 u_s，调节函数信号发生器的信号幅度使放大器输入电压 $U_i \approx 5$ mV，同时用示波器观察放大器输出电压 u_o波形，在波形不失真的条件下用交流毫伏表测量下述三种情况下的 U_o值（三种情况下集电极电流 I_C 均应为 2 mA），并用双踪示波器观察 u_o和 u_i的相位关系，记入表 2-11。

表 2-11　电压放大倍数测量记录表

R_C/kΩ	R_L/kΩ	U_o/V	A_V	观察记录一组 u_o和 u_i波形
2.4	∞			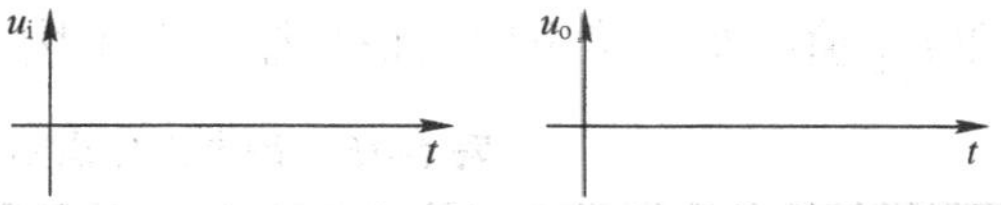
2.4	2			
1.2	∞			

（3）测量输入电阻和输出电阻

置 $R_C = 2.4$ kΩ，$R_L = 2$ kΩ，集电极静态工作电流 $I_C = 2.0$ mA。在放大器信号输入端加入频率为 1 kHz 的正弦信号 u_s，调节函数信号发生器的电压幅度值使放大器输入电压 $U_i \approx$ 5 mV，在输出电压 u_o不失真的情况下，用交流毫伏表测出 U_s，U_i和 U_L记入表 2-12。保持 U_s不变，断开 R_L，测量此时的输出电压 U_o，记入表 2-12。

表 2-12　输入、输出电阻测量记录表

U_s/mV	U_i/mV	R_i/kΩ		U_L/V	U_o/V	R_o/kΩ	
		实验计算值	理论计算值			实验计算值	理论计算值

（4）测量幅频特性曲线

置 $R_C = 2.4$ kΩ，$R_L = 2$ kΩ，集电极静态工作电流 $I_C = 2.0$ mA。在放大器信号输入端加入频率为 1 kHz 的正弦信号 u_s，调节函数信号发生器的电压幅度值使放大器输入电压 $U_i \approx 5$ mV，保持输入信号 u_i的幅度不变，改变信号源频率 f，逐点测出相应的输出电压 U_o，记入表 2-13。为了信号源频率 f 取值合适，可先粗测一下，找出中频范围，然后再仔细读数。

表 2-13　幅频特性测量记录表

	f_1　f_2　f_3　…　f_{n-1}　f_n
f/kHz	
U_o/V	
$A_V = U_o/U_i$	

（5）观察静态工作点对电压放大倍数的影响

置 $R_C = 2.4$ kΩ，$R_L = \infty$，U_i适量（≈ 5 mV），调节 R_W，用示波器监视输出电压波形，在 u_o不失真的条件下，分别测量电压 U_o值和 I_C值，并计算相应的 A_V值（表格中提供的 I_C值仅供参考），记入表 2-14。

表 2-14　静态工作点改变对电压放大倍数影响测量记录表

I_C/mA	1	1.5	2.0	2.5	3.0
U_o/V					
A_V					

（6）观察静态工作点对输出波形失真的影响

置 $R_C=2.4\,\text{k}\Omega$，$R_L=2\,\text{k}\Omega$，$u_i=0$，调节 R_W 使 $I_C=2.0\,\text{mA}$，测出 U_{CE} 值，再逐步加大输入信号，使输出电压 u_o 足够大但不失真。然后保持输入信号不变，分别增大和减小 R_W，使波形出现失真，绘出 u_o 的波形，并测出失真情况下的 I_C 和 U_{CE} 值，记入表 2-15 中。每次测 I_C 和 U_{CE} 值时都要将电路的信号输入端短接。

表 2-15　静态工作点对输出波形失真影响测量记录表

I_C/mA	U_{CE}/V	u_o 波形	失 真 情 况	管子工作状态
		u_o — t		
2.0		u_o — t		
		u_o — t		

（7）测量最大不失真输出电压

置 $R_C=2.4\,\text{k}\Omega$，$R_L=2\,\text{k}\Omega$，按照实验原理中第（4）项所述方法，同时调节输入信号的幅度和电位器 R_W，用示波器和交流毫伏表测量 U_{oPP} 及 U_o 值，记入表 2-16。

表 2-16　最大不失真输出电压测量记录表

I_C/mA	U_{im}/mV	U_{om}/V	U_{oPP}/V

说明：本实验内容较多，可根据实际情况进行选作。

2.3.3　实验预习与总结

1. 预习要求

（1）阅读教材中有关单管放大电路的内容并估算实验电路的性能指标。

假设：3DG6 的 $\beta=100$，$R_{B1}=20\,\text{k}\Omega$，$R_{B2}=60\,\text{k}\Omega$，$R_C=2.4\,\text{k}\Omega$，$R_L=2\,\text{k}\Omega$。

估算放大器的静态工作点，电压放大倍数 A_V，输入电阻 R_i 和输出电阻 R_o

（2）完成电路仿真的内容，列表整理相关实验数据并绘出相应的波形图。

2. 实验总结与思考

（1）列表整理测量结果，准确的绘制相关的波形，并把实测的静态工作点、电压放大倍数、输入电阻、输出电阻之值与理论计算值比较（取一组数据进行比较），分析产生误差原因。

（2）总结 R_C、R_L 及静态工作点对放大器电压放大倍数、输入电阻、输出电阻的影响。

（3）讨论静态工作点变化对放大器输出波形的影响。

（4）能否用直流电压表直接测量晶体管的 U_{BE}？为什么实验中要采用测 U_B、U_E，再间接算出 U_{BE} 的方法？

（5）怎样测量 R_{B2} 阻值？

（6）当调节偏置电阻 R_{B2}，使放大器输出波形出现饱和或截止失真时，晶体管的管电压降 U_{CE} 怎样变化？

（7）分析讨论在调试过程中出现的其他问题。

3. 实验报告要求

（1）完成实验操作的内容，列表整理相关实验数据并绘出相应的波形图。

（2）分析实验中产生的现象和问题。

（3）实验报告的写作要规范。

2.4　场效应晶体管放大器

2.4.1　实验目的

（1）了解场效应晶体管的特点，掌握场效应晶体管放大器静态工作点的调试及主要性能指标的测量方法。

（2）学会高输入电阻放大器的输入电阻的测量方法。

（3）进一步巩固相关电子仪器设备及 Multisim 软件的使用方法

2.4.2　实验内容

1. 实验原理

场效应晶体管与双极型管比较，它为电压控制型元件，具有输入阻抗高、噪音小、温度稳定性好和抗辐射能力强等优点。场效应晶体管的不足之处是共源跨导数值比较低。MOS 场效应晶体管的绝缘层很薄，容易被感应电荷击穿，因此在保存时应避免栅极悬空而把各电极短路，在用仪器测量参数或用烙铁焊接时，都必须使仪器、烙铁本身有良好的接地。

与双极性晶体管放大器一样，为使场效应晶体管正常工作，也需要选择适当的直流偏置电路，以建立合适的静态工作点。

场效应晶体管放大器有两种常用的直流偏置电路，以结型 N 沟道管为例，图 2-39a、b 分别画出了自偏压式电路和分压式偏压电路。

自偏压电路只适用于耗尽型场效应晶体管。静态工作点的计算可由下列各式决定：

$$U_{GS} = -I_D R_s$$

$$I_D = I_{DSS}\left(1 - \frac{U_{GS}}{U_P}\right)^2$$

$$U_{DS}=U_{DD}-I_D(R_d+R_s)$$

式中，I_{DSS}为场效应晶体管的漏极饱和电流；U_P 为夹断电压。

可见，通过调整 R_s 的大小，可以改变静态工作点 U_{GS}、I_D 的大小。

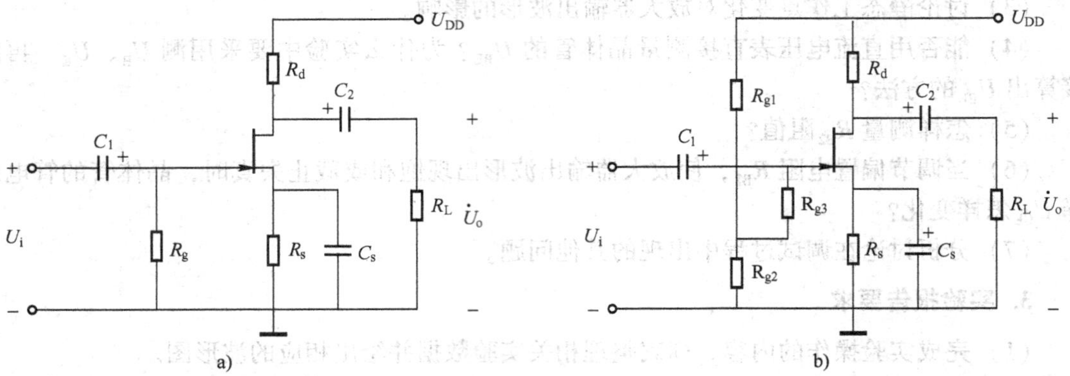

图 2-39　场效应晶体管放大器的两种偏置电路

分压式偏压电路静态工作点的计算由下列各式决定：

$$U_{GS}=\frac{R_{g2}}{R_{g1}+R_{g2}}U_{DD}-I_DR_s$$

$$I_D=I_{DSS}\left(1-\frac{U_{GS}}{U_P}\right)^2$$

$$U_{DS}=U_{DD}-I_D(R_d+R_s)$$

通过改变 R_s 和 R_{g1} 的大小，可以调整静态工作点。

由于电阻 R_s 起电流负反馈作用，这两种偏置电路都具有稳定静态工作点的能力。

场效应晶体管放大器有共源、共漏、共栅三种组态。

本实验采用结型场效应晶体管构成共源放大器，采用自偏压偏置电路，如图 2-40 所示，其电压放大倍数$\dot{A}_u$、输入电阻 R_i、输出电阻 R_o 分别为：

$$\dot{A}_u=\frac{\dot{U}_o}{\dot{U}_i}=-gmR'_L\quad R_i=R_g\quad R_o=R_d$$

式中，$R'_L=R_d//R_L$。

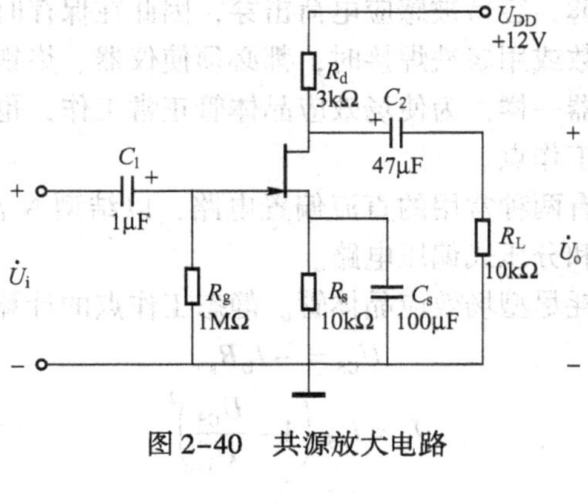

图 2-40　共源放大电路

A_u、R_o的测量方法与晶体管放大电路中的相关测量方法基本相同。

由于场效应晶体管放大器的输入电阻非常高，测量放大器输入电阻时若仍直接测量采样电阻 R 两端对地电压 U_s和 U_i来换算 R_i的话，则会产生一个问题，就是测量所用电压表的内阻必须远大于放大器的输入电阻 R_i，否则会产生较大的测量误差。为了消除误差，可以采用通过测量放大器的输出电压来换算输入电阻 R_i的方法。图 2-41 为测量高输入电阻的原理图。

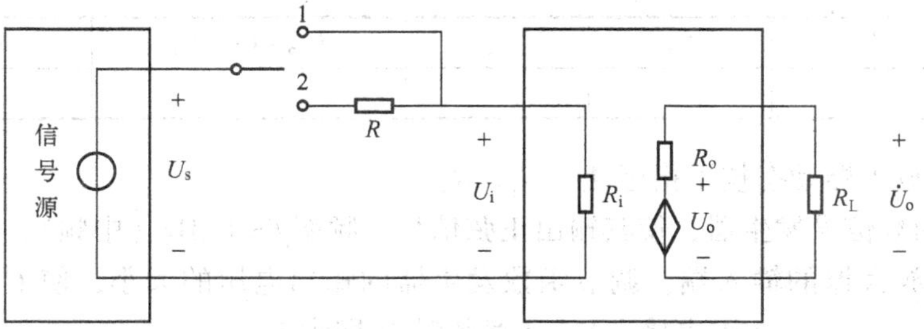

图 2-41　测量高输入电阻的电路

测量步骤是：先将开关置于 1，输入信号电压 $U_i=U_s$，测量相应的输出电压 U_{o1}，$U_{o1}=A_uU_s$；然后将开关置于 2，测量相应的输出电压 U_{o2}，$U_{o2}=A_uU_sR_i/(R+R_i)$，因为两次测量中 A_u 和 U_s 是不变的，所以可得

$$R_i=\frac{U_{o2}}{U_{o1}-U_{o2}}R$$

式中，R 和 R_i不要相差太大，本实验可取 $R=400\sim600\ \text{k}\Omega$。

2. 实验仪器与设备

（1）函数信号发生器。

（2）双踪示波器。

（3）交流毫伏表。

（4）万用表。

3. 计算机仿真实验方案

在 Multisim 仿真环境下建立如图 2-42 所示的仿真实验电路。

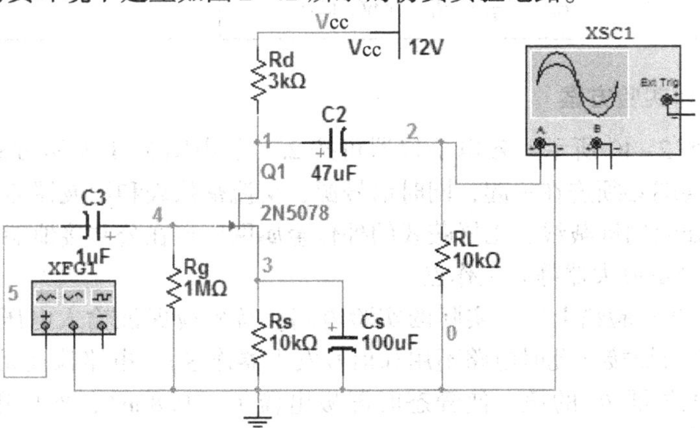

图 2-42　共源放大仿真实验电路

（1）调整和测量放大器静态工作点

撤掉函数信号发生器，使输入信号电压 $u_i=0$，在漏极支路中串联直流电流表，检查无误后按 可开始仿真。调整源极电位器 R_s 的值，使静态时漏极电流 $I_D=0.8\ mA$，然后用直流电压表测量 U_D、U_S、U_G，且计算出 U_{GS}、U_{DS}，数据记录于表 2-17。

表 2-17　静态工作点测量记录表　　（单位：V）

I_D/mA	U_D	U_S	U_G	$U_{GS}=U_G-U_S$	$U_{DS}=U_D-U_S$

（2）测量放大器动态技术指标 A_u、R_i、R_o

1）调节函数信号发生器，使其输出正弦信号，频率 $f=1\ kHz$（中频），函数信号发生器的输出端接至放大器的输入端，调节函数发生器的输出电压的大小，使 $U_i=U_s=100\ mV$，测量 U_{oL}（R_L接入），U_o（R_L未接入）。注意此时 U_o即为 U_{o1}。

实验时，信号电压的大小用交流电压表测量，用示波器观察 u_i和 u_o的波形，注意应在输出波形不失真的条件下进行测量。若有波形失真，应减小信号电压 U_i 的值。

2）将函数发生器的输出经 R 接至放大器的输入端，保持函数信号发生器的输出电压 $U_s=100\ mV$ 不变，测量此时放大器的输出电压 U_o（R_L未接入），即为 u_{o2}。

记录实验数据于表 2-18 中，且计算出放大器的放大倍数 A_u、输入电阻 R_i和输出电阻 R_o。

表 2-18　动态技术指标测量记录表

测量值/mV	U_i	
	$U_o(U_{o1})$	
	U_{oL}	
	U_{o2}	
计算值	$A_u=\frac{U_o}{U_i}$	
	$R_i=\frac{U_{o2}}{U_{o1}-U_{o2}}R$（单位：kΩ） $R=510$	
	$R_o=\frac{U_{oL}-U_o}{U_o}R_L$（单位：kΩ）	

4. 实验室操作实验方案

实验电路如图 2-40 所示。各电子仪器可按 2.1 节中图 2-1 所示方式连接，为防止干扰，各仪器的公共端必须连在一起，同时信号源、交流毫伏表和示波器的引线应采用专用电缆线或屏蔽线，如使用屏蔽线，则屏蔽线的外包金属网应接在公共接地端上。

（1）调整和测量放大器静态工作点

参照图 2-40 在实验箱上建立实际的实验电路。首先应保证输入电压 $U_i=0$，为此，应将电路的信号输入端短接（此时电路不用和信号发生器连接）。电路检查无误后，接通 +12 V 电源。调整源极电位器 R_s 的值，使静态时漏极电流 $I_D=0.8\ mA$，然后用数字万用表测量 U_D、U_S、U_G，且计算出 U_{GS}、U_{DS}，数据记录于表 2-19。

表 2-19　静态工作点测量记录表　（单位：V）

I_D/mA	U_D	U_S	U_G	$U_{GS}=U_G-U_S$	$U_{DS}=U_D-U_S$

（2）测量放大器动态技术指标 A_u、R_i、R_o

1）将电路输入端短接线断开后（撤掉短接线），调节函数信号发生器，使其输出正弦信号，频率 $f=1$ kHz（中频），函数信号发生器的输出端接至放大器的输入端，继续调节函数发生器输出电压的大小，使 $U_i=U_s=100$ mV，测量 U_{oL}（R_L接入），U_o（R_L未接入）。注意此时 U_o即为 U_{o1}。

实验时，信号电压的大小用交流毫伏表测量，用示波器观察 u_i和 u_o的波形，注意应在输出波形不失真的条件下进行测量。若有波形失真，应减小信号电压 U_i 的值。

2）将函数信号发生器的输出经 R 接至放大器的输入端，保持函数信号发生器的输出电压 $U_s=100$ mV 不变，测量此时放大器的输出电压 U_o（R_L未接入），即为 u_{o2}。

记录实验数据于表 2-20 中，且计算放大器的放大倍数 A_u、输入电阻 R_i和输出电阻 R_o。

表 2-20　动态技术指标测量记录表

测量值/mV	U_i	
	$U_o(U_{o1})$	
	U_{oL}	
	U_{o2}	
计算值	$A_u=\dfrac{U_o}{U_i}$	
	$R_i=\dfrac{U_{o2}}{U_{o1}-U_{o2}}R$（单位：kΩ）	
	$R_o=\dfrac{U_{oL}-U_o}{U_o}R_L$（单位：kΩ）	

2.4.3　实验预习与总结

1. 预习要求

（1）了解场效应晶体管的各种类型。

（2）了解场效应晶体管放大器两种偏置电路各适用于什么场合。

（3）了解高输入电阻适用于什么场合。

（4）图 2-40 所示电路，若已知结型场效应晶体管的漏极饱和电流 $I_{DSS}=10.5$ mA，夹断电压 $U_P=-2.5$ V，共源跨导 $g_m=2.6$ mA/V，计算：

1）当静态 $I_D=0.5$ mA 时，R_S、U_{GS}、U_{DS}的数值。

2）电压放大倍数 A_u 的数值。

（5）完成电路仿真的内容，列表整理相关实验数据并绘出相应的波形图。

2. 实验总结与思考

（1）列表整理测量结果，准确地绘制相关的波形，并把实测的静态工作点、电压放大倍数、输入电阻、输出电阻之值与理论计算值比较（取一组数据进行比较），分析产生误差原因。

（2）分析讨论在调试过程中出现的其他问题。

3. 实验报告要求

（1）完成实验操作的内容，列表整理相关实验数据并绘出相应的波形图。

（2）分析实验中产生的现象和问题。

（3）实验报告的写作要规范。

2.5 负反馈放大器

2.5.1 实验目的

（1）熟悉负反馈放大器的反馈类型。

（2）加深理解负反馈对放大器各项性能的指标的影响。

（3）进一步掌握对放大器各项性能指标的测试方法。

2.5.2 实验内容

1. 实验原理

负反馈在电子电路中有着非常广泛的应用，虽然它使放大器的放大倍数降低，但能在多方面改善放大器的动态指标，如稳定放大倍数，改变输入、输出电阻，减小非线性失真和展宽通频带等。因此，几乎所有的实用放大器都带有负反馈。

负反馈放大器有 4 种组态，即电压串联、电压并联、电流串联和电流并联。本实验以电压串联负反馈为例，分析负反馈对放大器各项性能指标的影响。

（1）图 2-43 为带有负反馈的两级阻容耦合放大电路，在电路中通过 R_f 把输出电压 u_o 引回到输入端，加在晶体管 VT_1 的发射极上，在发射极电阻 R_{F1} 上形成反馈电压 u_f。根据反馈

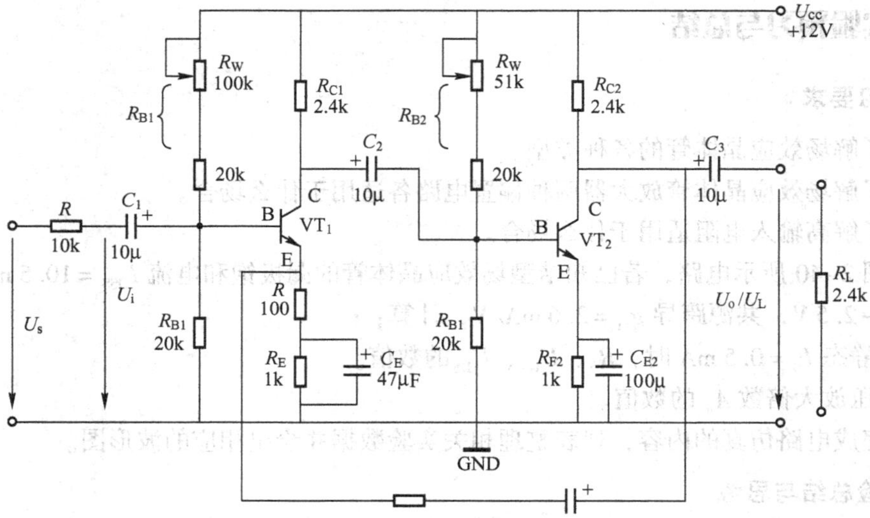

图 2-43 带有电压串联负反馈的两级阻容耦合放大器

的判断法可知，它属于电压串联负反馈。

主要性能指标如下

1）闭环电压放大倍数为

$$A_{Vf}=\frac{A_V}{1+A_VF_V}$$

其中，$A_V=U_o/U_i$为基本放大器（无反馈）的电压放大倍数，即开环电压放大倍数；$1+A_VF_V$为反馈深度，它的大小决定了负反馈对放大器性能改善的程度。

2）反馈系数

$$F_V=\frac{R_{F1}}{R_f+R_{F1}}$$

3）输入电阻

$$R_{if}=(1+A_VF_V)R_i$$

其中，R_i为基本放大器的输入电阻。

4）输出电阻为

$$R_{of}=\frac{R_o}{1+A_{Vo}F_V}$$

其中，R_o为基本放大器的输出电阻；A_{Vo}为基本放大器$R_L=\infty$时的电压放大倍数。

（2）本实验还需要测量基本放大器的动态参数，怎样实现无反馈而得到基本放大器呢？不能简单地断开反馈支路，而是要去掉反馈作用，但又要把反馈网络的影响（负载效应）考虑到基本放大器中去。为此：

1）在画基本放大器的输入回路时，因为是电压负反馈，所以可将负反馈放大器的输出端交流短路，即令$u_o=0$，此时R_f相当于并联在R_{F1}上。

2）在画基本放大器的输出回路时，由于输入端是串联负反馈，因此需将反馈放大器的输入端（VT_1管的射极）开路，此时（R_f+R_{F1}）相当于并接在输出端。可近似认为R_f并接在输出端。

根据上述规律，就可得到所要求的如图 2-44 所示的基本放大器。

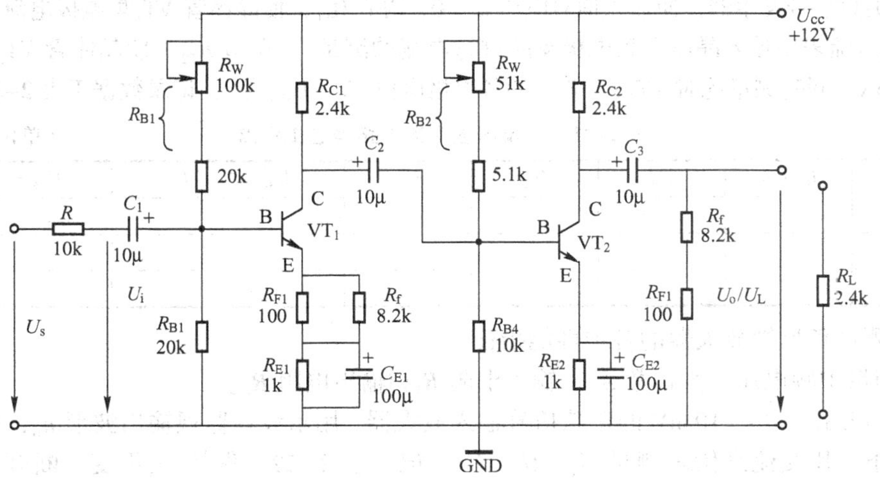

图 2-44　基本放大器

2. 实验仪器与设备

(1) 函数信号发生器。

(2) 双踪示波器。

(3) 交流毫伏表。

(4) 万用表。

3. 计算机仿真实验方案

在 Multisim 仿真环境下建立如图 2-45 所示的仿真实验电路。

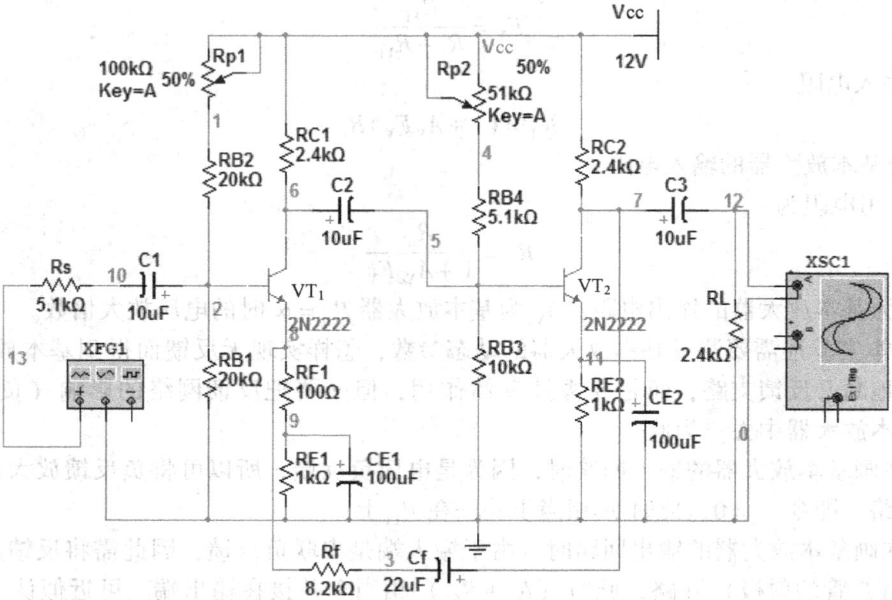

图 2-45　负反馈放大器仿真实验电路

(1) 调整和测量放大器静态工作点

撤掉函数信号发生器，使输入信号电压 $u_i=0$，调节 R_{P1}，使晶体管 VT_1 集电极电流 $I_{C1}=1\,mA$（可将直流电流表串接入晶体管集电极支路进行电流的测量）。调节 R_{P2}，使晶体管 VT_2 集电极电流 $I_{C2}=2\,mA$，同时测量此时 VT_1、VT_2 管的各电极电位 U_B、U_E、U_C，记录数据于表 2-21 中。

表 2-21　负反馈放大器电路静态工作点　　(单位：V)

晶体管	I_C/mA	U_B	U_E	U_C	$U_{BE}=U_B-U_E$	$U_{CE}=U_C-U_E$
VT_1						
VT_2						

(2) 测试负反馈放大器的各项性能指标

1) 测量中频电压放大倍数 A_V，输入电阻 R_i 和输出电阻 R_o。

以 $f=1\,kHz$，U_s 约 10 mV 的正弦信号输入放大器，用示波器监视输出波形 u_o，在 u_o 不失真的情况下，用交流毫伏表测量 U_s、U_i、U_L，记入表 2-22。保持 U_s 不变，断开负载电阻 R_L，测量空载时的输出电压 U_o，记入表 2-22。

表 2-22　两种形式放大器的 A_V、R_i、R_O

负反馈放大器	U_s /mV	U_i /mV	U_L /V	U_o /V	A_{Vf}	R_{if} /kΩ	R_{of} /kΩ
基本放大器	U_s /mV	U_i /mV	U_L /V	U_o /V	A_V	R_i /kΩ	R_o /kΩ

2）测量通频带

接上 R_L，保持 1）中的 U_s 不变，然后增加和减小输入信号的频率，找出上、下限频率 f_H 和 f_L，记入表 2-23。

表 2-23　两种形式放大器的通频带

负反馈放大器/kHz	f_{Lf}	f_{Hf}	Δf_f
基本放大器/kHz	f_L	f_H	Δf

（3）测试基本放大器的各项性能指标

在 Multisim 仿真环境下建立如图 2-46 所示的仿真实验电路。

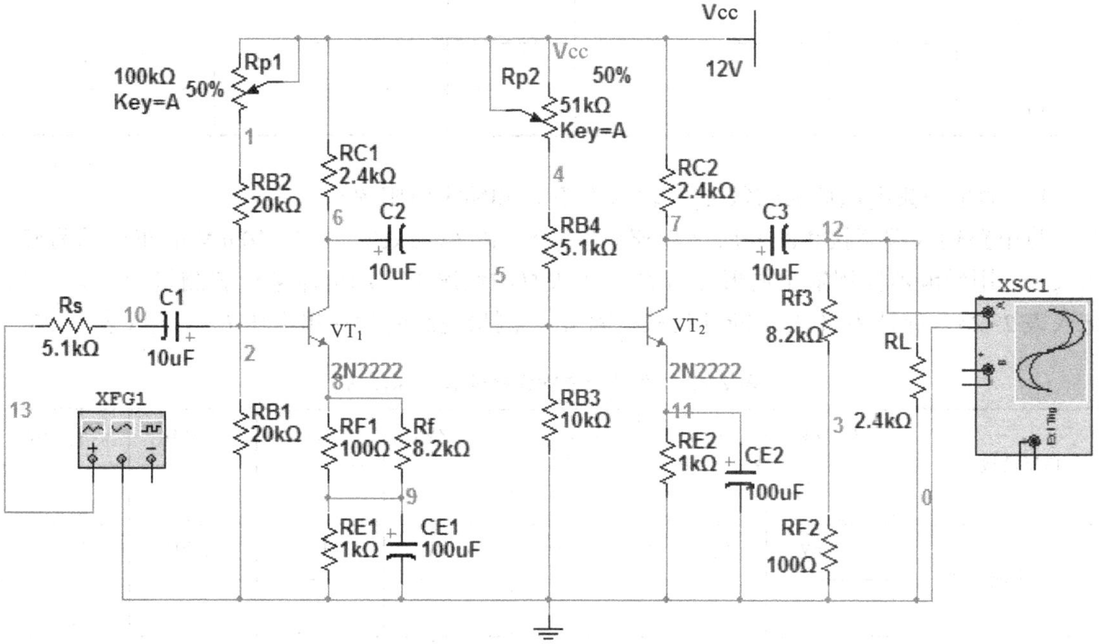

图 2-46　基本放大器仿真实验电路

1）测量中频电压放大倍数 A_V，输入电阻 R_i 和输出电阻 R_o。

以 $f = 1$ kHz，U_s 约 5 mV 的正弦信号输入放大器，用示波器监视输出波形 u_o，在 u_o 不失真的情况下，用交流毫伏表测量 U_s、U_i、U_L，记入表2-22。保持 U_s 不变，断开负载电阻 R_L，测量空载时的输出电压 U_o，记入表2-22。

2）测量通频带

接上 R_L，保持1）中的 U_s 不变，然后增加和减小输入信号的频率，找出上、下限频率 f_h 和 f_l，记入表2-23。

4. 实验室操作实验方案

实验电路如图2-43所示。各电子仪器可按2.1节中图2-1所示方式连接，为防止干扰，各仪器的公共端必须连在一起，同时信号源、交流毫伏表和示波器的引线应采用专用电缆线或屏蔽线，如使用屏蔽线，则屏蔽线的外包金属网应接在公共接地端上。

（1）调整和测量放大器静态工作点

接通直流电源前，先将 R_{B1} 调至最大，为了保证输入电压 $U_i=0$，应将信号输入端短接，（此时不应连接信号发生器避免发生器信号端和接地端短接），使输入信号电压 $u_i=0$，接通 +12 V 电源、调节 R_{B1}，使晶体管 VT_1 集电极电压 $U_{C1}=9.6\ V$（即电流 $I_{C1}=1\ mA$）。调节 R_{B2}，使晶体管 VT_2 集电极电压 $U_{C2}=7.2\ V$，同时测量此时 VT_1、VT_2 管的各电极电位 U_B、U_E、U_C，记录数据于表2-24中。

（2）测试负反馈放大器的各项性能指标

表2-24　负反馈放大器电路静态工作点　（单位：V）

晶体管	I_C/mA	U_B	U_E	U_C	$U_{BE}=U_B-U_E$	$U_{CE}=U_C-U_E$
VT_1						
VT_2						

1）测量中频电压放大倍数 A_V、输入电阻 R_i 和输出电阻 R_o。

将电路输入端短接线断开后（撤掉短接线），以 $f=1\ kHz$，U_s 约10 mV的正弦信号输入放大器，用示波器监视输出波形 u_o，在 u_o 不失真的情况下，用交流毫伏表测量 U_s、U_i、U_L，记入表2-25。保持 U_s 不变，断开负载电阻 R_L，测量空载时的输出电压 U_o，记入表2-25。

表2-25　两种形式放大器的 A_V、R_i、R_o

负反馈放大器	U_s/mV	U_i/mV	U_L/V	U_o/V	A_{Vf}	R_{if}/kΩ	R_{of}/kΩ
基本放大器	U_s/mV	U_i/mV	U_L/V	U_o/V	A_V	R_i/kΩ	R_o/kΩ

2）测量通频带

接上 R_L，保持（1）中的 U_s 不变，然后增加和减小输入信号的频率，找出上、下限频率 f_H 和 f_L，记入表2-26。

表 2-26　两种形式放大器的通频带　（单位：kHz）

负反馈放大器	f_{Lf}	f_{Hf}	Δf_f
基本放大器	f_L	f_H	Δf

（3）测试基本放大器的各项性能指标

将实验电路按图 2-44 改接，即把 R_f断开后分别并在 R_{F1}和 R_L上，其他连线不动。

1）测量中频电压放大倍数 A_V、输入电阻 R_i和输出电阻 R_o。

以 $f=1$ kHz，U_s约 5 mV 的正弦信号输入放大器，用示波器监视输出波形 u_o，在 u_o不失真的情况下，用交流毫伏表测量 U_s、U_i、U_L，记入表 2-25。保持 U_s不变，断开负载电阻 R_L，测量空载时的输出电压 U_o，记入表 2-25。

2）测量通频带

接上 R_L，保持（1）中的 U_s不变，然后增加和减小输入信号的频率，找出上、下限频率 f_H和 f_L，记入表 2-26。

（4）观察负反馈对非线性失真的改善

1）将实验电路接成负反馈放大器形式，在输入端加入 $f=1$ kHz 的正弦信号，输出端接示波器，逐渐增大输入信号的幅度，使输出波形开始出现失真，记下此时的波形和输出电压的幅度。

2）将实验电路改接成基本放大器形式，在输入端加入 $f=1$ kHz 的正弦信号，输出端接示波器，逐渐增大输入信号的幅度，使输出波形开始出现失真，记下此时的波形和输出电压的幅度，和 1）的结果（有负反馈时）进行比较，看看输出波形有何变化。

2.5.3　实验预习与总结

1. 预习要求

（1）复习教材中有关负反馈放大器的内容。

（2）按图 2-43 所示实验电路估算放大器的静态工作点（取 $\beta_1=\beta_2=100$）。

（3）怎样把负反馈放大器改接成基本放大器？为什么要把 R_f并接在输入端和输出端？

（4）估算基本放大器的 A_V、R_i和 R_o；估算负反馈放大器的 A_{Vf}、R_{if}和 R_{of}，并验算它们之间的关系。

（5）如果按深负反馈估算，则闭环电压放大倍数 A_{Vf}是多少？和测量值是否一致？为什么？

（6）如果输入信号存在失真，能否用负反馈来改善？

（7）怎样判断放大器是否存在自激振荡？如何进行消振？

（8）完成电路仿真的内容，列表整理相关实验数据并绘出相应的波形图。

2. 实验总结与思考

（1）列表整理测量结果，准确地绘制相关的波形，并将基本放大器和负反馈放大器动态参数的实测值和理论估算值列表进行比较。

（2）根据实验结果，总结电压串联负反馈对放大器性能的影响。

（3）分析并讨论在调试过程中出现的其他问题。

3. 实验报告要求

（1）完成实验操作的内容，列表整理相关实验数据并绘出相应的波形图。

（2）分析实验中产生的现象和问题。

（3）实验报告的写作要规范。

2.6 *RC* 正弦波振荡器

2.6.1 实验目的

（1）进一步学习 *RC* 正弦波振荡器的组成及其振荡条件。

（2）学会测量、调试振荡器。

2.6.2 实验内容

1. 实验原理

从结构上看，正弦波振荡器是没有输入信号的、带选频网络的正反馈放大器。若用 *R*、*C* 元件组成选频网络，就称为 *RC* 振荡器，*RC* 振荡器一般用来产生 1 Hz ~ 1 MHz 的低频信号。

（1）*RC* 串并联网络（文氏桥）振荡器

电路形式如图 2-47 所示。振荡频率 $f_o = \frac{1}{2\pi RC}$，起振条件为 $|\dot{A}| > 3$。

电路特点是可方便地连续改变振荡频率，便于加负反馈稳幅，容易得到良好的振荡波形。

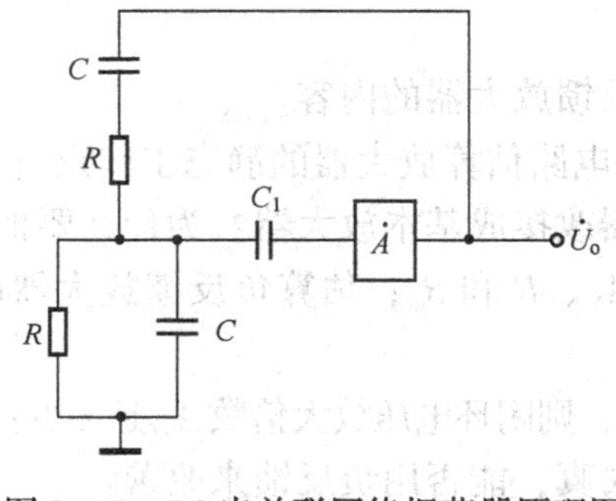

图 2-47　*RC* 串并联网络振荡器原理图

（2）双 T 选频网络振荡器

电路形式如图 2-48 所示。

振荡频率 $f_0 = \frac{1}{5RC}$，起振条件为 $R' < \frac{R}{2}$，$|\dot{A}\dot{F}| > 1$。

电路特点是选频特性好，调频困难，适于产生单一频率的振荡。

注：本实验采用由集成运算放大器组成的 RC 正弦波振荡器。

（3）RC 移相振荡器

电路形式如图 2-49 所示，选择 $R \gg R_i$。

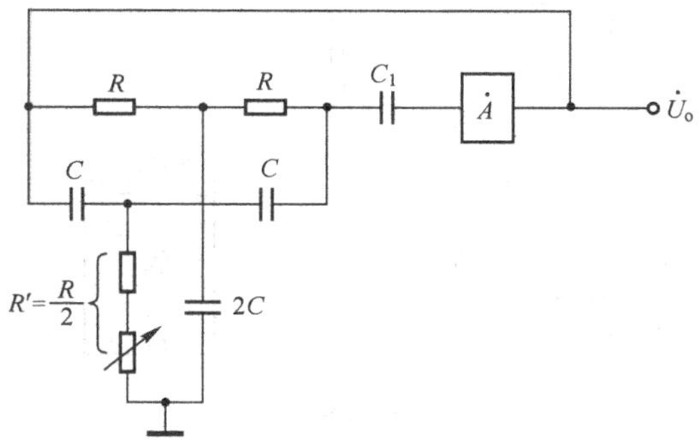

图 2-48　双 T 选频网络振荡器原理图

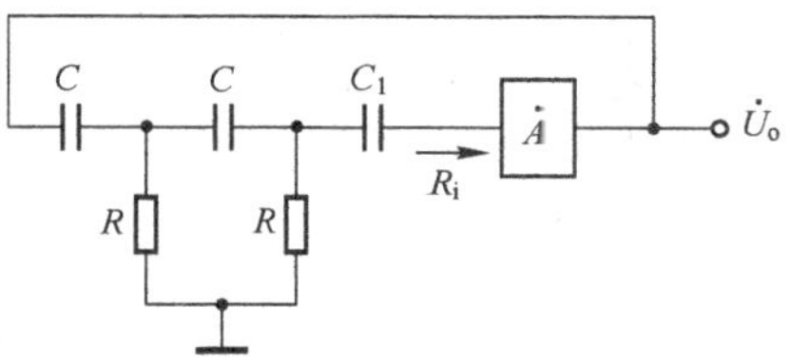

图 2-49　RC 移相振荡器原理图

振荡频率 $f_0 = \dfrac{1}{2\pi\sqrt{6}RC}$，起振条件为放大器 A 的电压放大倍数 $|\dot{A}| > 29$。

电路特点是简便，但选频作用差，振幅不稳，频率调节不便，一般用于频率固定且稳定性要求不高的场合。

频率范围为几赫 ~ 数十千赫。

2. 实验仪器与设备

（1）函数信号发生器。

（2）双踪示波器。

（3）交流毫伏表。

（4）万用表。

3. 计算机仿真实验方案

（1）RC 串并联选频网络振荡器

在 Multisim 仿真环境下建立如图 2-50 所示的仿真实验电路。

1）接通 RC 串并联网络，并使电路起振，用示波器观测输出电压 u_o 波形，调节 R_f 直至得到满意的正弦信号，记录波形及其参数。重点测量振荡频率，并与计算值进行比较。

2）断开 RC 串并联网络，测量放大器静态工作点及电压放大倍数，测得的结果分别记入表 2-27 和表 2-28 中。

表 2-27　放大器静态工作点测量记录表　（单位：V）

晶体管	I_C/mA	U_B	U_E	U_C	$U_{BE}=U_B-U_E$	$U_{CE}=U_C-U_E$
VT_1						
VT_2						

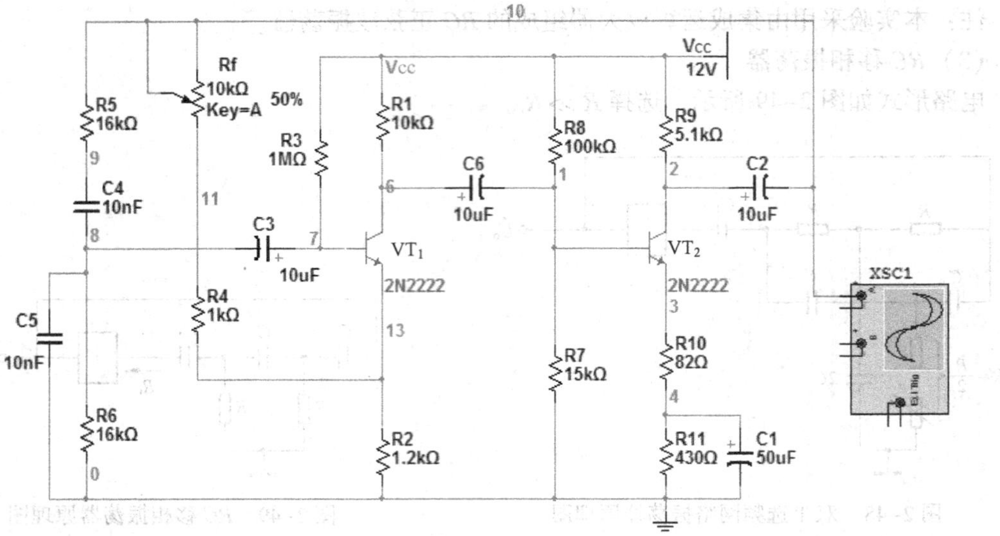

图 2-50　*RC* 串并联选频网络振荡器仿真实验电路

表 2-28　放大倍数测量记录表

u_i/V	u_o/V	A_V

3）*RC* 串并联网络幅频特性的观察

将 *RC* 串并联网络与放大器断开，用函数信号发生器的正弦信号注入 *RC* 串并联网络输入端，保持输入信号的幅度不变（约 3 V），频率由低到高变化，*RC* 串并联网络输出幅值将随之变化，当信号源达到某一频率时，*RC* 串并联网络的输出将达最大值（约 1 V 左右）。且输入、输出同相位，此时信号源频率为

$$f = f_o = \frac{1}{2\pi RC}$$

实验时保持输入信号 u_i 的幅度不变，改变信号源频率 f，逐点测出相应的输出电压 U_o，记入表 2-29。

表 2-29　*RC* 串并联网络幅频特性测量记录表

	f_1　f_2　f_3　$\cdots f_{n-1}$ f_n
f/kHz	
U_{om}/V	

（2）双 T 选频网络振荡器

在 Multisim 仿真环境下建立如图 2-51 所示的仿真实验电路。

1）接通双 T 选频网络，并使电路起振，用示波器观测输出电压 u_o 波形，调节 R_5 直至得到满意的正弦信号，记录波形及其参数。重点测量振荡频率，并与计算值进行比较。

2）断开双 T 选频网络，测量放大器的电压放大倍数，测得的结果记入表 2-30 中。

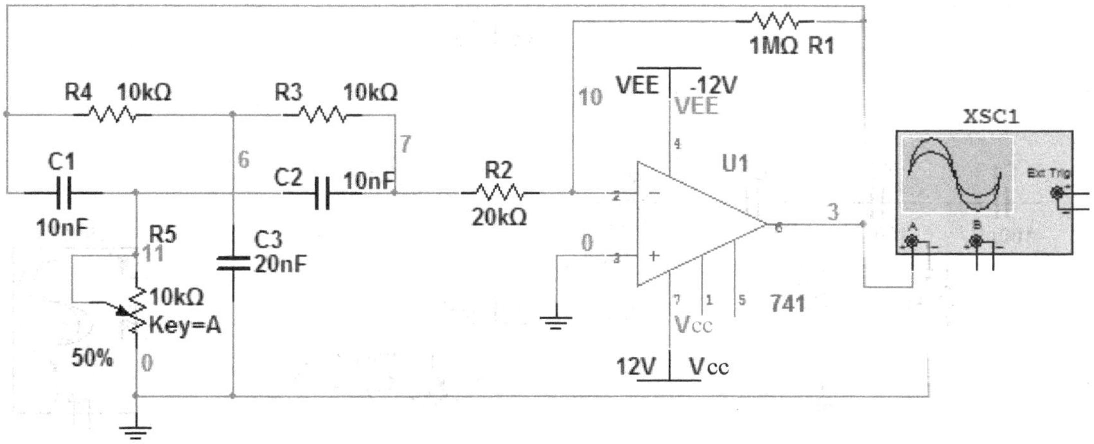

图 2-51　双 T 选频网络振荡器仿真实验电路

表 2-30　放大倍数测量记录表

u_i/V	u_o/V	A_V

3）双 T 选频网络幅频特性的观察

将双 T 选频网络与放大器断开，用函数信号发生器的正弦信号注入双 T 选频网络输入端，保持输入信号的幅度不变（约 3 V），频率由低到高变化，双 T 选频网络输出幅值将随之变化，当信号源达到某一频率时，双 T 选频网络的输出将达最小值。且输入、输出同相位，此时信号源频率为

$$f=f_0=\frac{1}{5RC}$$

实验时保持输入信号 u_i 的幅度不变，改变信号源频率 f，逐点测出相应的输出电压 U_o，记入表 2-31。

表 2-31　双 T 选频网络幅频特性测量记录表

	f_1　f_2　f_3　$\cdots f_{n-1}\,f_n$
f/kHz	
U_{om}/V	

（3）移相式振荡器

在 Multisim 仿真环境下建立如图 2-52 所示的仿真实验电路。

1）接通移相选频网络，并使电路起振，用示波器观测输出电压 u_o 波形，调节 R_1 直至得到满意的正弦信号，记录波形及其参数。重点测量振荡频率，并与计算值进行比较。

2）断开移相选频网络，测量放大器的电压放大倍数，测得的结果记入表 2-32 中。

表 2-32　放大倍数测量记录表

u_i	u_o	A_V

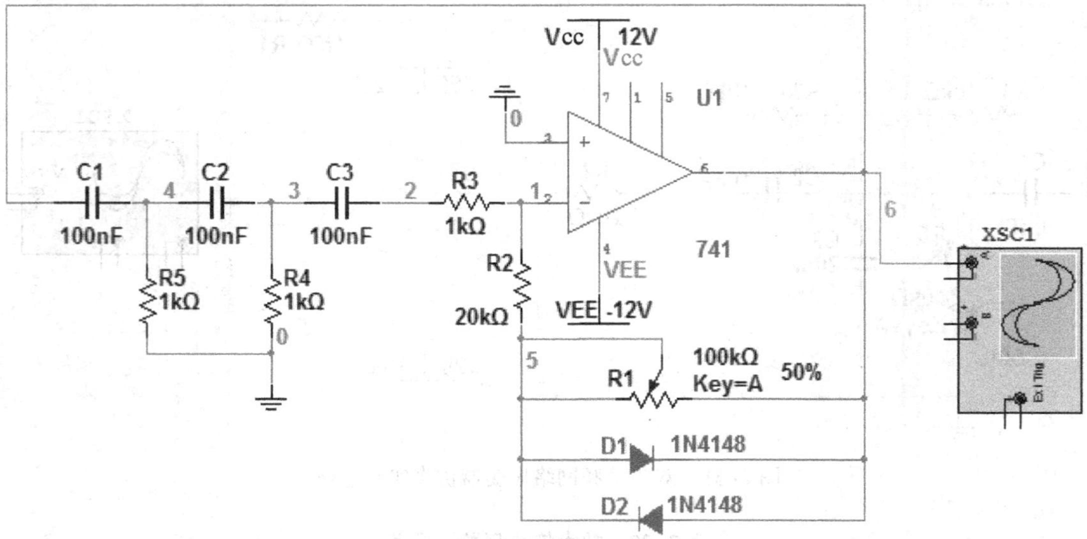

图 2-52 移相式振荡器仿真实验电路

4. 实验室操作实验方案

（1）*RC* 串并联选频网络振荡器

1）按图 2-53 连接线路。

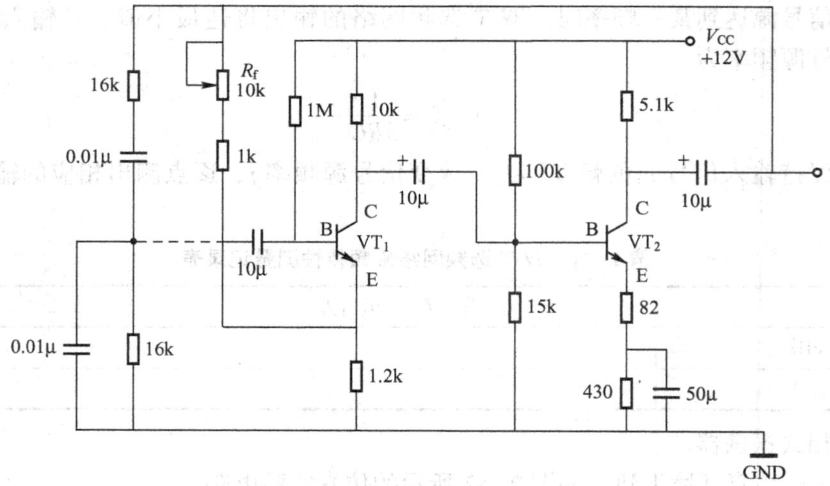

图 2-53 *RC* 串并联选频网络振荡器

2）接通 *RC* 串并联网络，并使电路起振，用示波器观测输出电压 u_o 波形，调节 R_f 直至得到满意的正弦信号，记录波形及其参数。重点测量振荡频率，并与计算值进行比较。

3）断开 *RC* 串并联网络，测量放大器静态工作点及电压放大倍数，测得的结果分别记入表 2-33 和表 2-34 中。

表 2-33　静态工作点测量记录表　（单位：V）

晶体管	I_C/mA	U_B	U_E	U_C	$U_{BE}=U_B-U_E$	$U_{CE}=U_C-U_E$
VT_1						
VT_2						

表 2-34　放大倍数测量记录表

u_i/V	u_o/V	A_V

4）*RC* 串并联网络幅频特性的观察

将 *RC* 串并联网络与放大器断开，用函数信号发生器的正弦信号注入 *RC* 串并联网络输入端，保持输入信号的幅度不变（约 3 V），频率由低到高变化，*RC* 串并联网络输出幅值将随之变化，当信号源达到某一频率时，*RC* 串并联网络的输出将达最大值（约 1 V 左右）。且输入、输出同相位，此时信号源频率为

$$f=f_o=\frac{1}{2\pi RC}$$

实验时保持输入信号 u_i 的幅度不变，改变信号源频率 f，逐点测出相应的输出电压 U_o，记入表 2-35。

表 2-35　幅频特性测量记录表

	$f_1\ \ f_2\ \ f_3\ \ \cdots f_{n-1}\ f_n$
f/kHz	
U_{om}/V	

（2）双 T 选频网络振荡器

在实验箱上建立如图 2-54 所示的实验电路。

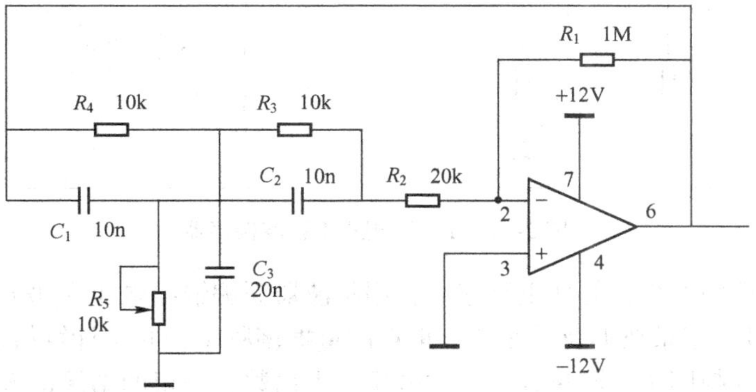

图 2-54　双 T 网络 *RC* 正弦波振荡器

1）接通双 T 选频网络，并使电路起振，用示波器观测输出电压 u_o 波形，调节 R_5 直至得到满意的正弦信号，记录波形及其参数。重点测量振荡频率，并与计算值进行比较。

2）断开双 T 选频网络，测量放大器的电压放大倍数，测得的结果记入表 2-36 中。

表 2-36 放大倍数测量记录表

u_i/V	u_o/V	A_V

3）双 T 选频网络幅频特性的观察

将双 T 选频网络与放大器断开，用函数信号发生器的正弦信号注入双 T 选频网络输入端，保持输入信号的幅度不变（约 3 V），频率由低到高变化，双 T 选频网络输出幅值将随之变化，当信号源达到某一频率时，双 T 选频网络的输出将达最小值。且输入、输出同相位，此时信号源频率为

$$f = f_0 = \frac{1}{5RC}$$

实验时保持输入信号 u_i 的幅度不变，改变信号源频率 f，逐点测出相应的输出电压 U_o，记入表 2-37。

表 2-37 幅频特性测量记录表

	f_1 f_2 f_3 $\cdots f_{n-1}$ f_n
f/kHz	
U_{om}/V	

（3）移相式振荡器

在实验箱上建立如图 2-55 所示的实验电路。

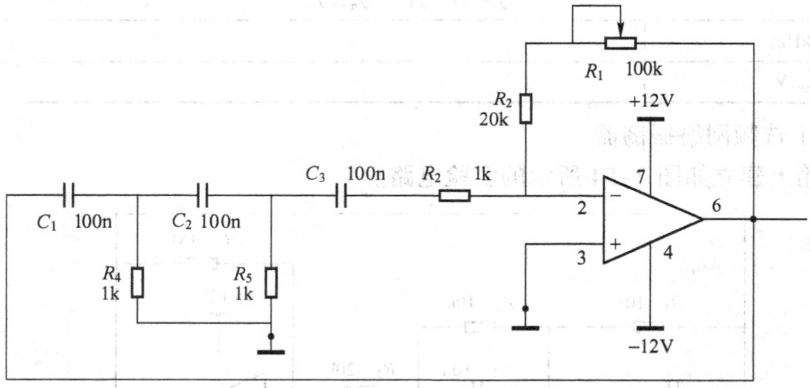

图 2-55 *RC* 移相式正弦波振荡器

1）接通移相选频网络，并使电路起振，用示波器观测输出电压 u_o 波形，调节 R_1 直至得到满意的正弦信号，记录波形及其参数。重点测量振荡频率，并与计算值进行比较。

2）断开移相选频网络，测量放大器的电压放大倍数，测得的结果记入表 2-38 中。

表 2-38 放大倍数测量记录表

u_i/V	u_o/V	A_V

2.6.3 实验预习与总结

1. 预习要求

(1) 查阅教材有关三种类型 *RC* 振荡器的结构与工作原理。
(2) 计算三种实验电路的振荡频率。
(3) 如何用示波器来测量振荡电路的振荡频率。
(4) 完成电路仿真的内容，列表整理相关实验数据并绘出相应的波形图。

2. 实验总结与思考

(1) 列表整理测量结果，准确绘制相关的波形，总结三类 *RC* 振荡器的特点。
(2) 由给定电路参数计算振荡频率，并与实测值比较，分析误差产生的原因。
(3) 改变选频网络中 *R* 或 *C* 值，振荡频率会发生怎样的变化？
(4) 分析讨论在调试过程中出现的其他问题。

3. 实验报告要求

(1) 完成实验操作的内容，列表整理相关实验数据并绘出相应的波形图。
(2) 分析实验中产生的现象和问题。
(3) 实验报告的写作要规范。

2.7 模拟运算电路

2.7.1 实验目的

(1) 研究由集成运算放大器组成的比例、加法、减法和积分等基本运算电路的功能。
(2) 了解运算放大器在实际应用时应考虑的一些问题。

2.7.2 实验内容

1. 实验原理

集成运算放大器是一种具有高电压放大倍数的直接耦合多级放大电路。当外部接入不同的线性或非线性元器件组成输入和负反馈电路时，可以灵活地实现各种特定的函数关系。在线性应用方面，可组成比例、加法、减法、积分、微分、对数等模拟运算电路。

(1) 理想运算放大器特性

在大多数情况下，将运放视为理想运放，就是将运放的各项技术指标理想化，满足下列条件的运算放大器称为理想运放：

- 开环电压增益 $A_{ud}=\infty$。
- 输入阻抗 $r_i=\infty$。
- 输出阻抗 $r_o=0$。
- 带宽 $f_{BW}=\infty$。
- 失调与漂移均为零。

理想运放在线性应用时的两个重要特性如下：

1）输出电压 U_o 与输入电压之间满足关系式

$$U_o = A_{ud}(U_+ - U_-)$$

由于 $A_{ud} = \infty$，而 U_o 为有限值，因此，$U_+ - U_- \approx 0$，即 $U_+ \approx U_-$，称为“虚短”。

2）由于 $r_i = \infty$，故流进运放两个输入端的电流可视为零，即 $I_{IB} = 0$，称为“虚断”。这说明运放对其前级吸取电流极小。

上述两个特性是分析理想运放应用电路的基本原则，可简化运放电路的计算。

（2）基本运算电路

1）反相比例运算电路

电路如图 2-56 所示。对于理想运放，该电路的输出电压与输入电压之间的关系为

$$U_o = -\frac{R_F}{R_1}U_i$$

为了减小输入级偏置电流引起的运算误差，在同相输入端应接入平衡电阻 $R_2 = R_1 // R_F$。

2）同相比例运算电路

图 2-57 是同相比例运算电路，它的输出电压与输入电压之间的关系为

$$U_o = \left(1 + \frac{R_F}{R_1}\right)U_i$$

$$R_2 = R_1 // R_F$$

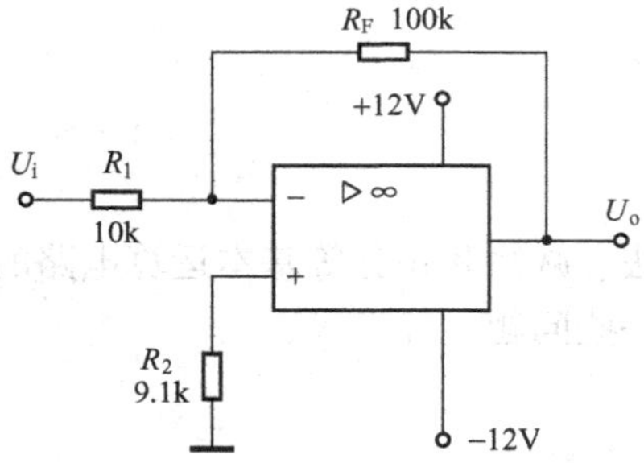

图 2-56　反相比例运算电路

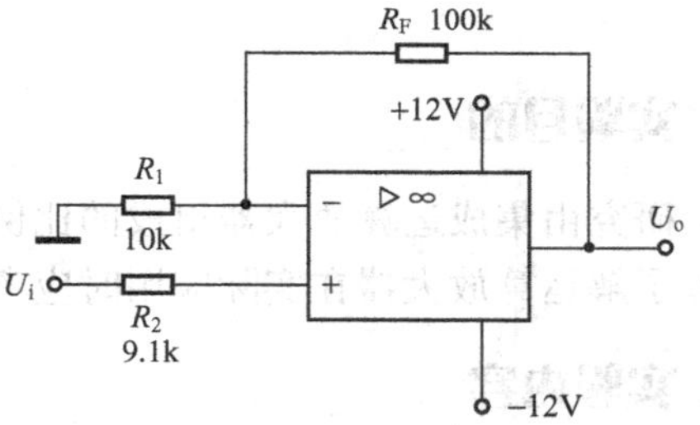

图 2-57　同相比例运算电路

当 $R_1 \to \infty$ 时，$U_o = U_i$，即得到如图 2-58 所示的电压跟随器。图中 $R_2 = R_F$，用以减小漂移和起保护作用。一般 R_F 取 10 kΩ，R_F 太小起不到保护作用，太大则影响跟随性。

3）反相加法电路

电路如图 2-59 所示，输出电压与输入电压之间的关系为

$$U_o = -\left(\frac{R_F}{R_1}U_{i1} + \frac{R_F}{R_2}U_{i2}\right)$$

$$R_3 = R_1 // R_2 // R_F$$

4）差动放大电路（减法器）

对于图 2-60 所示的减法运算电路，当 $R_1 = R_2$，$R_3 = R_F$ 时，有如下关系式：

$$U_o = \frac{R_F}{R_1}(U_{i2} - U_{i1})$$

5）积分运算电路

反相积分电路如图 2-61 所示。在理想化条件下，输出电压 u_o 等于

$$u_o(t) = -\frac{1}{R_1 C}\int_0^t u_i \mathrm{d}t + u_C(0)$$

式中，$u_C(0)$是 $t=0$ 时刻电容 C 两端的电压值，即初始值。

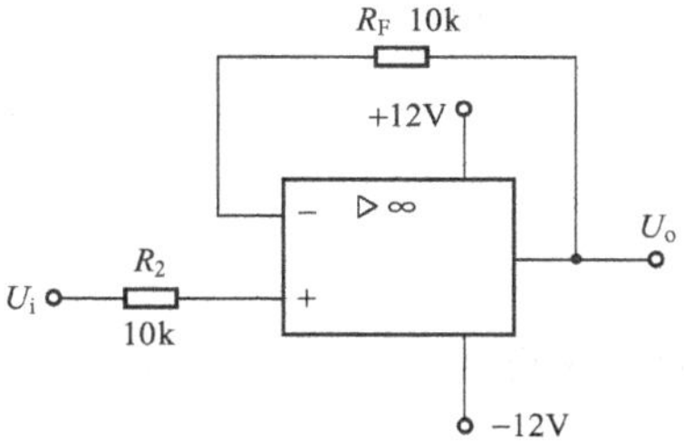

图 2-58　电压跟随器

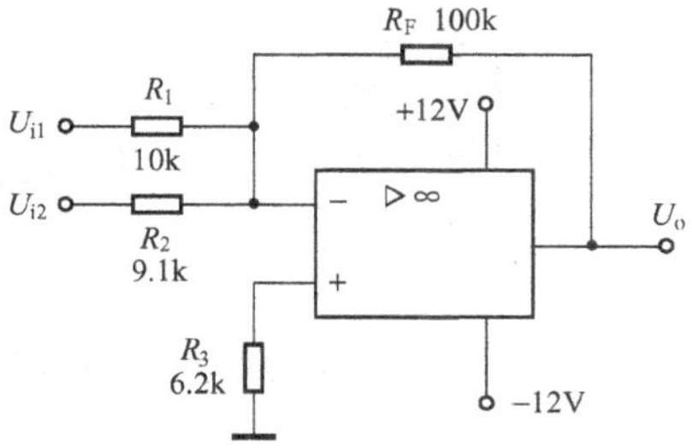

图 2-59　反相加法运算电路

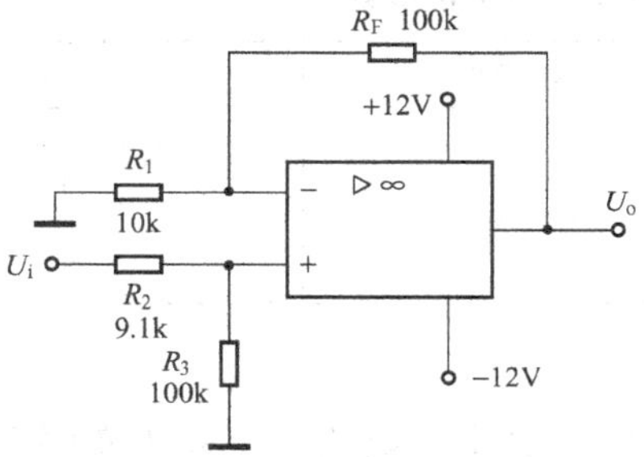

图 2-60　减法运算电路图

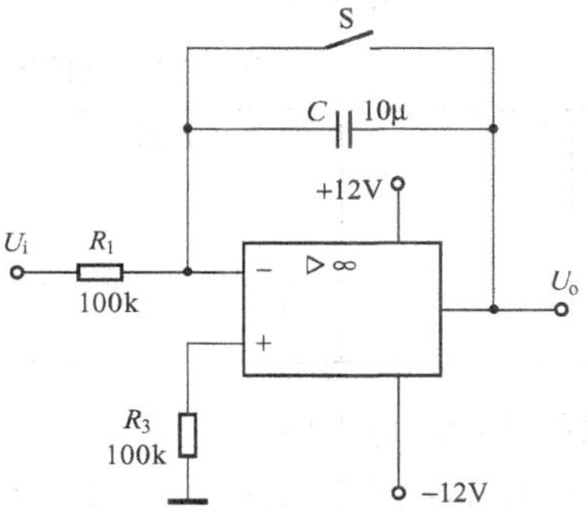

图 2-61　积分运算电路

如果 $u_i(t)$是幅值为 E 的阶跃电压，并设 $u_C(0)=0$，则

$$u_o(t) = -\frac{1}{R_1 C}\int_0^t E\mathrm{d}t = -\frac{E}{R_1 C}t$$

即输出电压 $u_o(t)$随时间增长而线性下降。显然 RC 的数值越大，达到给定的 U_o 值所需的时间就越长。积分输出电压所能达到的最大值受集成运放最大输出范围的限值。

图 2-63 中开关 S 的设置一方面为积分电容放电提供通路，同时可实现积分电容初始电压 $u_C(0)=0$，另一方面，可控制积分起始点，即在加入信号 u_i 后，只要 S 打开，电容就将被恒流充电，电路也就开始进行积分运算。

2. 实验仪器与设备

（1）函数信号发生器。

（2）双踪示波器。

（3）交流毫伏表。

（4）万用表。

3. 计算机仿真实验方案

（1）反相比例运算电路

在 Multisim 仿真环境下建立如图 2-62 所示的仿真实验电路。

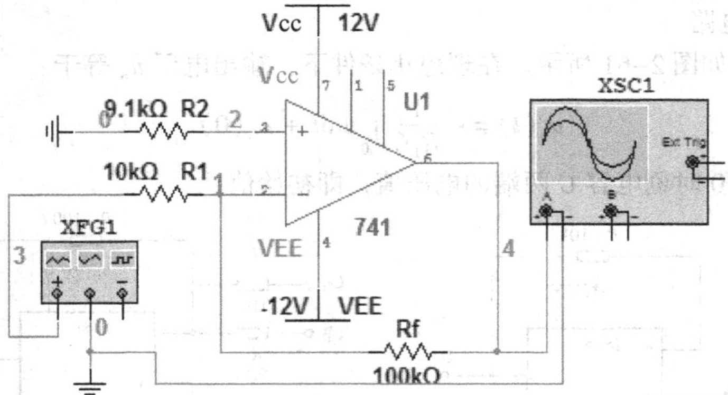

图 2-62　反相比例运算仿真实验电路图

调整函数信号发生器，使输出的正弦交流信号为：$f=100$ Hz，$U_i=0.5$ V，测量相应的 U_o，并用示波器观察 u_o 和 u_i 的相位关系，记入表 2-39。

表 2-39　反相比例运算放大器测量记录表

U_i/V	U_o/V	u_i 波形	u_o 波形	A_V	
				实验计算值	理论计算值
		t	t		

（2）同相比例运算电路

1）在 Multisim 仿真环境建立如图 2-63 所示的仿真实验电路。实验步骤同反相比例运算电路，将结果记入表 2-40。

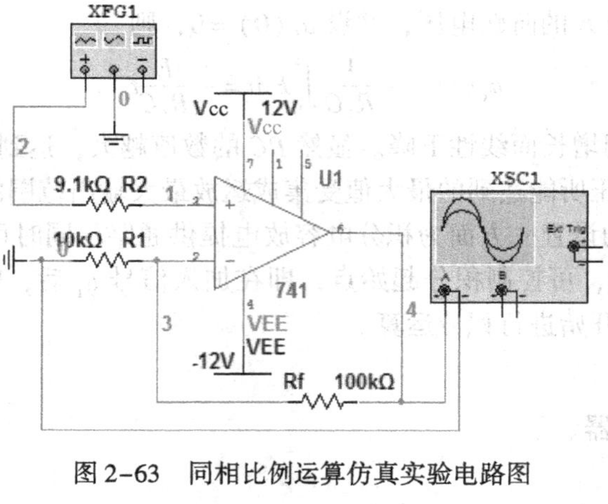

图 2-63　同相比例运算仿真实验电路图

表 2-40　同相比例运算放大器测量记录表

U_i/V	U_o/V	u_i 波形	u_o 波形	A_V	
				实验计算值	理论计算值
		t	t		

2）在 Multisim 仿真环境建立如图 2-64 所示的仿真实验电路。重复上述实验步骤，将结果记入表 2-41。

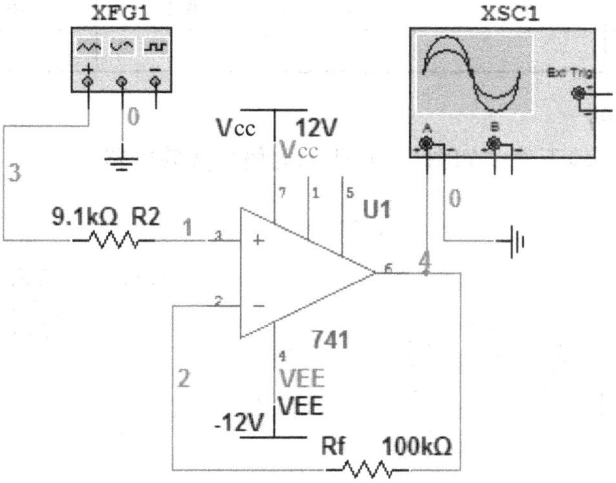

图 2-64　电压跟随器仿真实验电路图

表 2-41　电压跟随器测量记录表

U_i/V	U_o/V	u_i 波形	u_o 波形	A_V	
		t	t	实验计算值	理论计算值

（3）反相加法运算电路

在 Multisim 仿真环境下建立如图 2-65 所示的仿真实验电路。

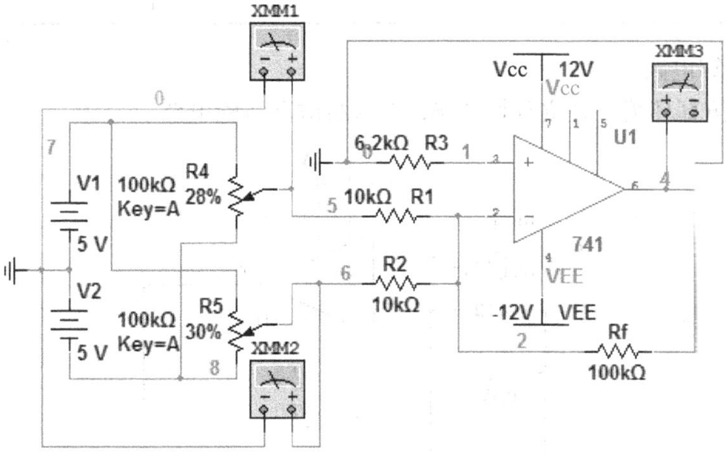

图 2-65　反相加法运算仿真实验电路图

输入信号采用直流信号，用直流电压表测量输入电压 U_{i1}、U_{i2} 及输出电压 U_o，记入表 2-42。

表 2-42 反相加法运算实验测量记录表 (单位：V)

U_{i1}	0.3	0.5	-0.5	0.8	-0.6
U_{i2}	0.2	-0.3	0.2	-0.4	0.3
U_o					

(4) 减法运算电路

在 Multisim 仿真环境下建立如图 2-66 所示的仿真实验电路。

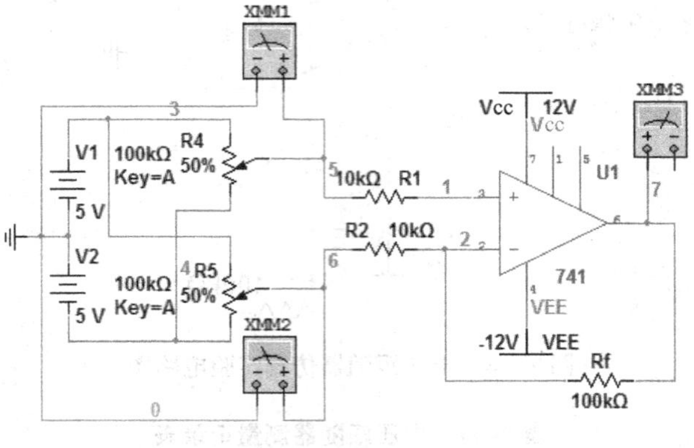

图 2-66 减法运算仿真实验电路图

输入信号采用直流信号，用直流电压表测量输入电压 U_{i1}、U_{i2} 及输出电压 U_o，记入表 2-43。

表 2-43 减法运算实验测量记录表 (单位：V)

U_{i1}	0.3	0.5	-0.5	0.8	-0.6
U_{i2}	0.2	-0.3	0.2	-0.4	0.3
U_o					

(5) 积分运算电路

在 Multisim 仿真环境下建立如图 2-67 所示的仿真实验电路。

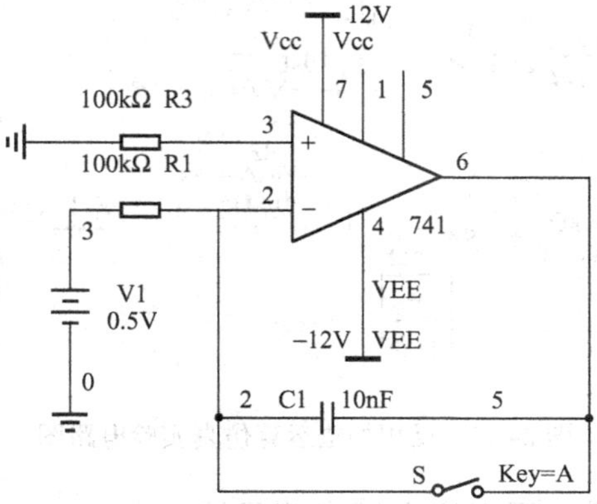

图 2-67 积分运算仿真实验电路图

1）闭合 S，使 $u_C(0)=0$。

2）预先调好直流输入电压 $U_i=0.5\ \text{V}$，接入实验电路，再打开 S，然后用直流电压表测量输出电压 U_o，每隔 5 s 读一次 U_o，记入表 2-44，直到 U_o 不继续明显增大为止。

表 2-44　积分运算实验测量记录表

t/s	0	5	10	15	20	25	30	…
U_o/V								

4. 实验室操作实验方案

实验前要看清运放组件各引脚的位置；切忌正、负电源极性接反和输出端短路，否则将会损坏集成块。

（1）反相比例运算电路

1）按图 2-56 连接实验电路，接通 ±12 V 电源。

2）输入 $f=100\ \text{Hz}$，$U_i=0.5\ \text{V}$ 的正弦交流信号，测量相应的 U_o，并用示波器观察 u_o 和 u_i 的相位关系，记入表 2-45。

表 2-45　反相比例运算实验测量记录表

U_i/V	U_o/V	u_i 波形	u_o 波形	A_V	
				实验计算值	理论计算值
		t	t		

（2）同相比例运算电路

1）按图 2-59 连接实验电路。实验步骤同内容（1），将结果记入表 2-46。

2）按图 2-60 连接实验电路，重复内容（1），将结果记入表 2-46。

表 2-46　同相比例运算实验测量记录表

U_i/V	U_o/V	u_i 波形	u_o 波形	A_V	
				实验计算值	理论计算值
		t	t		
		t	t		

（3）反相加法运算电路

1）按图 2-59 连接实验电路。

2）输入信号采用直流信号，用直流电压表测量输入电压 U_{i1}、U_{i2} 及输出电压 U_o，记入表 2-47。

（4）减法运算电路

1）按图 2-60 连接实验电路。

2）采用直流输入信号，实验步骤同内容（3），记入表2-48。

表2-47 反相加法运算实验测量记录表 （单位：V）

U_{i1}	0.3	0.5	-0.5	0.8	-0.6
U_{i2}	0.2	-0.3	0.2	-0.4	0.3
U_o					

表2-48 反相减法运算实验测量记录表 （单位：V）

U_{i1}	0.3	0.5	-0.5	0.8	-0.6
U_{i2}	0.2	-0.3	0.2	-0.4	0.3
U_o					

（5）积分运算电路

实验电路如图2-61所示。

1）闭合S，使$u_C(0)=0$。

2）预先调好直流输入电压$U_i=0.5\text{ V}$，接入实验电路，再打开S，然后用直流电压表测量输出电压U_o，每隔5 s读一次U_o，记入表2-49，直到U_o不继续明显增大为止。

表2-49 积分运算实验测量记录表

t/s	0	5	10	15	20	25	30	…
U_o/V								

2.7.3 实验预习与总结

1. 预习要求

（1）复习集成运放线性应用部分内容，并根据实验电路参数计算各电路输出电压的理论值。

（2）在反相加法器中，如果U_{i1}和U_{i2}均采用直流信号，并选定$U_{i2}=-1\text{ V}$，当考虑到运算放大器的最大输出幅度（$\pm 12\text{ V}$）时，$|U_{i1}|$的大小不应超过多少伏？

（3）在积分电路中，如果$R_1=100\text{ k}\Omega$，$C=4.7\ \mu\text{F}$，求时间常数。

假设$U_i=0.5\text{ V}$，问要使输出电压U_o达到5 V，需多长时间（设$u_C(0)=0$）？

（4）为了不损坏集成块，实验中应注意什么问题？

（5）完成电路仿真的内容，列表整理相关实验数据并绘出相应的波形图。

2. 实验总结与思考

（1）列表整理测量结果，准确绘制相关的波形，总结运算电路的特点。

（2）分析讨论在调试过程中出现的其他问题。

3. 实验报告要求

（1）完成实验操作的内容，列表整理相关实验数据并绘出相应的波形图。

（2）分析实验中产生的现象和问题。

(3) 实验报告的写作要规范。

2.8　有源滤波器

2.8.1　实验目的

(1) 熟悉用运放、电阻和电容组成有源低通滤波、高通滤波和带通、带阻滤波器。
(2) 学习和掌握频率特性的测试方法。
(3) 学习和掌握设计、调试具体有源滤波器电路的方法与技能。

2.8.2　实验内容

1. 实验原理

由 *RC* 元件与运算放大器组成的滤波器称为 *RC* 有源滤波器，其功能是让一定频率范围内的信号通过，抑制或急剧衰减此频率范围以外的信号。可用在信息处理、数据传输、抑制干扰等方面，但因受运算放大器频带限制，这类滤波器主要用于低频范围。

根据对频率范围的选择不同，可分为低通（LPF）、高通（HPF）、带通（BPF）与带阻（BEF）等四种滤波器，它们的幅频特性如图 2-68 所示。

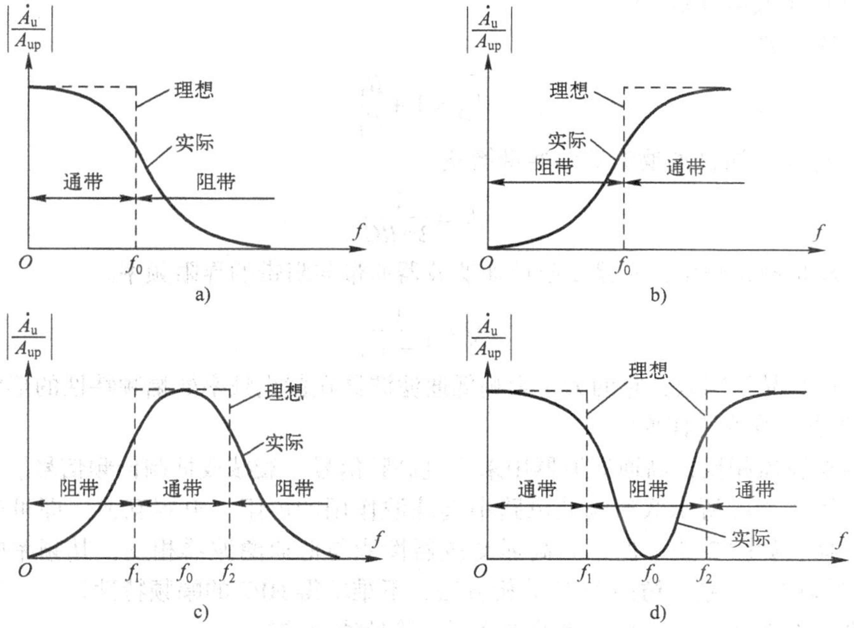

图 2-68　四种滤波电路的幅频特性示意图
a) 低通　b) 高通　c) 带通　d) 带阻

具有理想幅频特性的滤波器是很难实现的，只能用实际的幅频特性去逼近理想的。一般来说，滤波器的幅频特性越好，其相频特性越差，反之亦然。滤波器的阶数越高，幅频特性衰减的速率越快，但 *RC* 网络的节数越多，元件参数计算越烦琐，电路调试越困难。任何高阶滤波器均可以用较低的二阶 RC 有滤波器级联实现。

低通滤波器的作用是通过低频信号而衰减或抑制高频信号。

图 2-69a 所示为典型的二阶有源低通滤波器。它由两级 RC 滤波环节与同相比例运算电路组成，其中第一级电容 C 接至输出端，引入适量的正反馈，以改善幅频特性。

图 2-69b 为二阶低通滤波器幅频特性曲线。

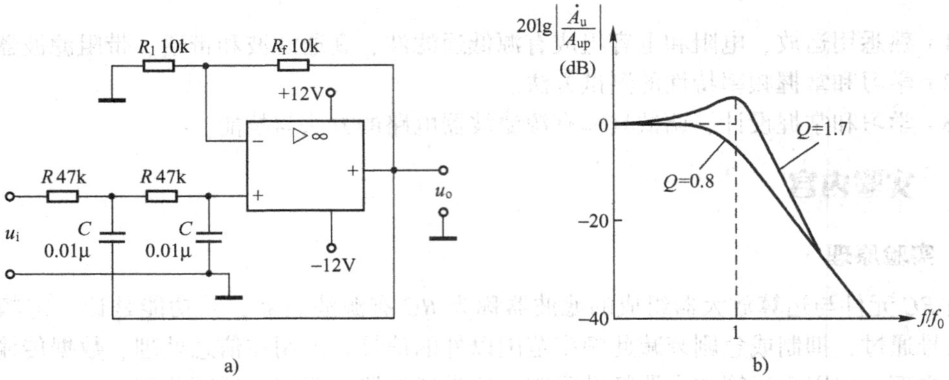

图 2-69 二阶低通滤波器

a) 电路图 b) 频率特性

(1) 低通滤波器（LPF）

电路性能参数：

$$A_{uP} = 1 + \frac{R_F}{R_1}$$

其中，A_{uP}是二阶低通滤波器的通带增益。

$$f_0 = \frac{1}{2\pi RC}$$

其中，f_0 是截止频率，它是二阶低通滤波器通带与阻带的界限频率。

$$Q = \frac{1}{3 - A_{uP}}$$

其中，Q 是品质因数，它的大小影响低通滤波器在截止频率处幅频特性的形状。

(2) 高通滤波器（HPF）

与低通滤波器相反，高通滤波器用来通过高频信号，衰减或抑制低频信号。

只要将图 2-69a 所示低通滤波电路中起滤波作用的电阻、电容互换，即可变成二阶有源高通滤波器，如图 2-70a 所示。高通滤波器性能与低通滤波器相反，其频率响应和低通滤波器是“镜像”关系，仿照 LPH 分析方法，不难求得 HPF 的幅频特性。

电路性能参数 A_{uP}、f_o、Q 各量的含义同二阶低通滤波器。

图 2-70b 为二阶高通滤波器的幅频特性曲线，可见，它与二阶低通滤波器的幅频特性曲线有“镜像”关系。

(3) 带通滤波器（BPF）

这种滤波器的作用是只允许在某一个通频带范围内的信号通过，而比通频带下限频率低和比上限频率高的信号均加以衰减或抑制。

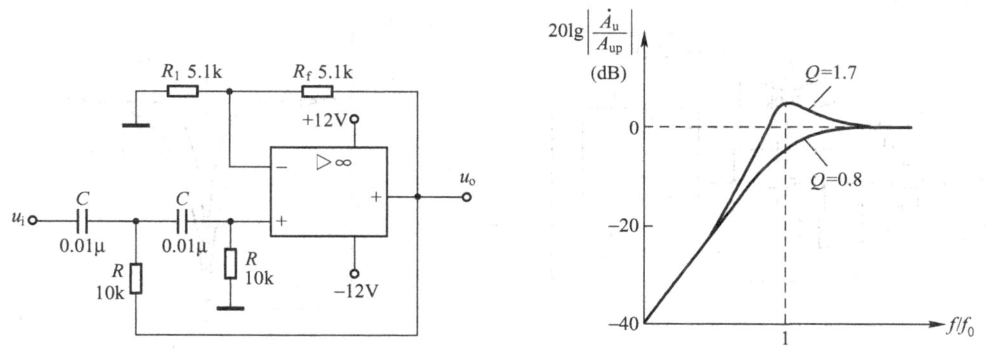

图 2-70　二阶高通滤波器

a）电路图　b）幅频特性

典型的带通滤波器可以从二阶低通滤波器中将其中一级改成高通而成。如图 2-71a 所示。

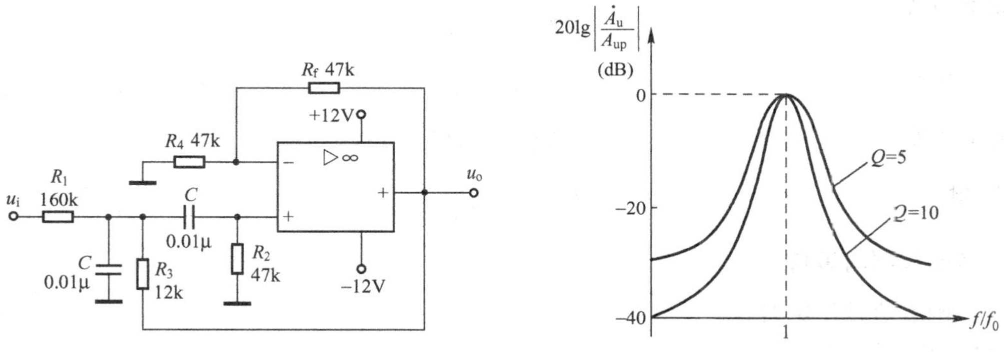

图 2-71　二阶带通滤波器

a）电路图　b）幅频特性

电路性能参数：

通带增益
$$A_{uP}=\frac{R_4+R_f}{R_4R_1CB}$$

中心频率
$$f_0=\frac{2}{2\pi}\sqrt{\frac{1}{R_2C^2}\left(\frac{1}{R_1}+\frac{1}{R_3}\right)}$$

通带宽度
$$B=\frac{1}{C}\left(\frac{1}{R_1}+\frac{2}{R_2}-\frac{R_f}{R_3R_4}\right)$$

选择性
$$Q=\frac{\omega_0}{B}$$

此电路的优点是改变 R_f 和 R_4 的比例就可改变频宽而不影响中心频率。

（4）带阻滤波器（BEF）

如图 2-72a 所示，这种电路的性能和带通滤波器相反，即在规定的频带内，信号不能通过（或受到很大衰减或抑制），而在其余频率范围，信号则能顺利通过。

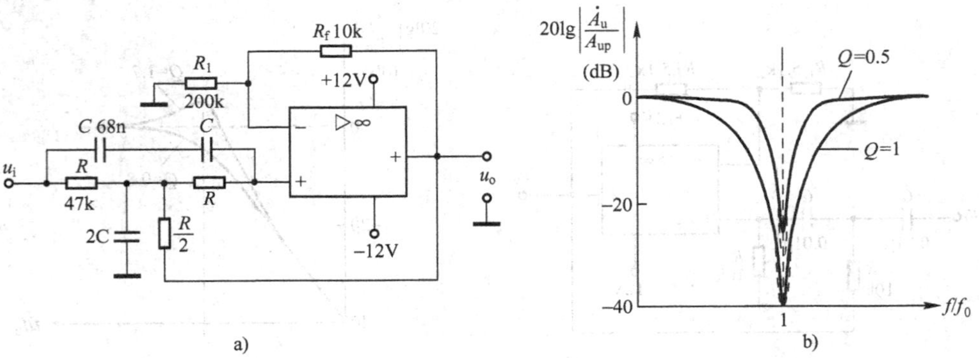

图 2-72 二阶带阻滤波器

a）电路图 b）频率特性

在双 T 网络后加一级同相比例运算电路就构成了基本的二阶有源 BEF。

电路性能参数：

通带增益 $$A_{uP}=1+\frac{R_f}{R_1}$$

中心频率 $$f_0=\frac{1}{2\pi RC}$$

带阻宽度 $$B=2(2-A_{uP})f_0$$

选择性 $$Q=\frac{1}{2(2-A_{uP})}$$

2. 实验仪器与设备

（1） 函数信号发生器。

（2） 双踪示波器。

（3） 交流毫伏表。

（4） 万用表。

3. 计算机仿真实验方案

（1） 二阶低通滤波器

在 Multisim 仿真环境下建立如图 2-73 所示的仿真实验电路。

1）粗测：调整函数信号发生器，令其输出为 $U_i=1$ V 的正弦波信号，在滤波器截止频率附近改变输入信号频率，用示波器或交流电压表观察输出电压幅度的变化是否具备低通特性，如不具备，应排除电路故障。

2）在输出波形不失真的条件下，选取适当幅度的正弦输入信号，在维持输入信号幅度不变的情况下，逐点改变输入信号频率。测量输出电压，记入表 2-50 中，描绘频率特性曲线。

表 2-50 二阶低通滤波器频率特性测量数据

f/Hz								
U_o/V								

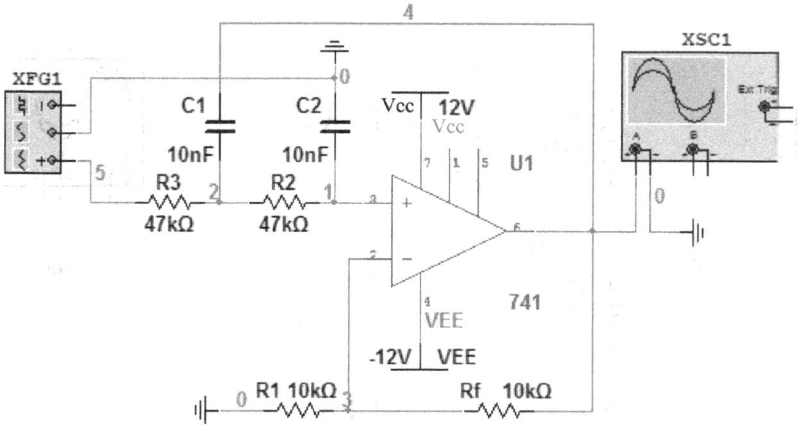

图 2-73　二阶低通滤波器

（2）二阶高通滤波器

在 Multisim 仿真环境下建立如图 2-74 所示的仿真实验电路。

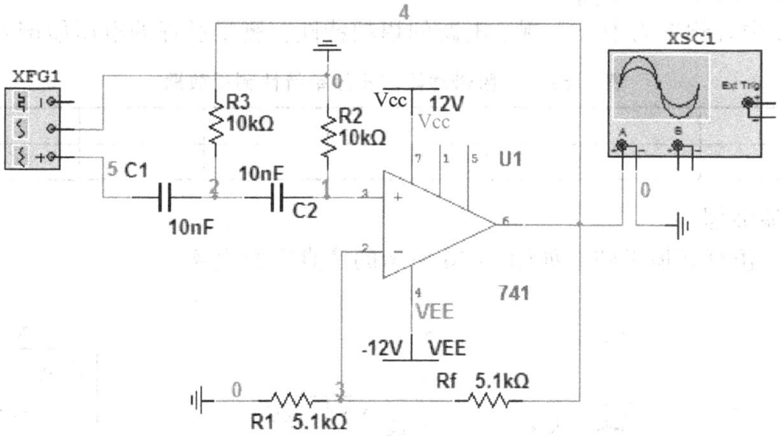

图 2-74　二阶高通滤波器

1）粗测：输入 $U_i=1$ V 正弦波信号，在滤波器截止频率附近改变输入信号频率，观察电路是否具备高通特性。如不具备，应排除电路故障。

2）测绘高通滤波器的幅频特性曲线，测量过程的电压值记入表 2-51。

表 2-51　二阶高通滤波器频率特性测量数据

f/Hz								
U_o/V								

（3）带通滤波器

在 Multisim 仿真环境下建立如图 2-75 所示的仿真实验电路。

1）粗测：输入 $U_i=1$ V 正弦波信号，在滤波器中心频率附近改变输入信号频率，观察电路是否具备带通特性。如不具备，应排除电路故障。

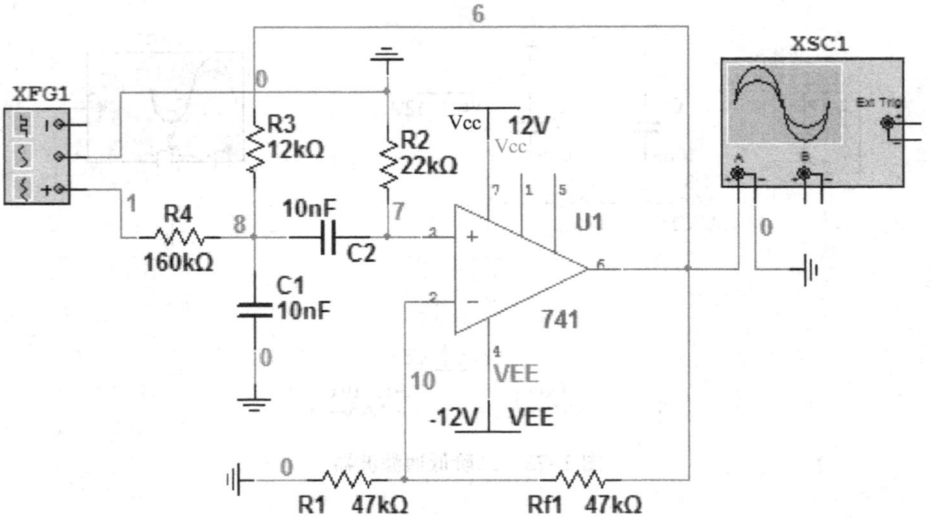

图 2-75 带通滤波器

2）实测电路的中心频率 f_0。

3）以实测中心频率为中心，测绘电路的幅频特性，测量过程的电压值记入表 2-52。

表 2-52 二阶带通滤波器频率特性测量数据

f/Hz								
U_o/V								

（4）带阻滤波器

在 Multisim 仿真环境下建立如图 2-76 所示的仿真实验电路。

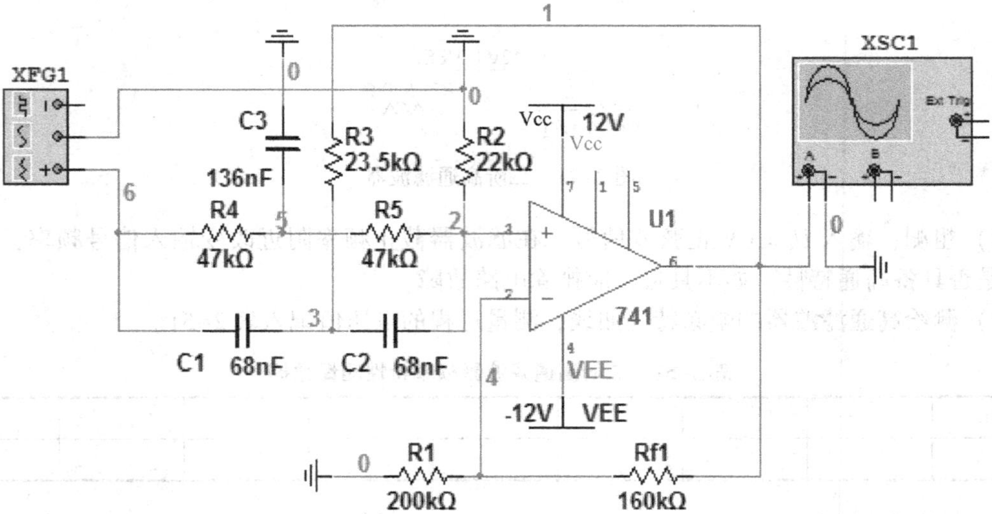

图 2-76 带阻滤波器

1）粗测：输入 $U_i=1$ V 正弦波信号，在滤波器中心频率附近改变输入信号频率，观察电路是否具备带阻特性。如不具备，应排除电路故障。

2）实测电路的中心频率f_0。

3）以实测中心频率为中心，测绘电路的幅频特性，测量过程的电压值记入表2-53。

表2-53　二阶带阻滤波器频率特性测量数据

f/Hz								
U_o/V								

4. 实验室操作实验方案

（1）二阶低通滤波器

实验电路如图2-69a所示。

1）粗测：接通±12 V电源。u_i接函数信号发生器，令其输入为U_i=1 V的正弦波信号，在滤波器截止频率附近改变输入信号频率，用示波器或交流毫伏表观察输出电压幅度的变化是否具备低通特性，如不具备，应排除电路故障。

2）在输出波形不失真的条件下，选取适当幅度的正弦输入信号，在维持输入信号幅度不变的情况下，逐点改变输入信号频率。测量输出电压，记入表2-54中，描绘频率特性曲线。

表2-54　二阶低通滤波器频率特性测量数据

f/Hz								
U_o/V								

（2）二阶高通滤波器

实验电路如图2-70a所示。

1）粗测：输入U_i=1 V正弦波信号，在滤波器截止频率附近改变输入信号频率，观察电路是否具备高通特性。如不具备，应排除电路故障。

2）测绘高通滤波器的幅频特性曲线，测量过程的电压值记入表2-55。

表2-55　二阶高通滤波器频率特性测量数据

f/Hz								
U_o/V								

（3）带通滤波器

实验电路如图2-71a所示。

1）粗测：输入U_i=1 V正弦波信号，在滤波器中心频率附近改变输入信号频率，观察电路是否具备带通特性。如不具备，应排除电路故障。

2）实测电路的中心频率f_0。

3）以实测中心频率为中心，测绘电路的幅频特性，测量过程的电压值记入表2-56。

表2-56　二阶带通滤波器频率特性测量数据

f/Hz								
U_o/V								

（4）带阻滤波器

实验电路如图2-72a所示。

1）粗测：输入 $U_i = 1$ V 正弦波信号，在滤波器中心频率附近改变输入信号频率，观察电路是否具备带阻特性。如不具备，应排除电路故障。

2）实测电路的中心频率 f_0。

3）以实测中心频率为中心，测绘电路的幅频特性，测量过程的电压值记入表 2-57。

表 2-57　二阶带阻滤波器频率特性测量数据

f/Hz									
U_o/V									

2.8.3　实验预习与总结

1. 预习要求

（1）了解有源滤波器的分类及其滤波特性。

（2）掌握有源滤波器的基本电路及其工作原理。

（3）理论计算图 2-69a 所示电路，$R = 33\,\mathrm{k\Omega}$，$C = 0.01\,\mu\mathrm{F}$，$R_1 = 27\,\mathrm{k\Omega}$，$R_f = 16\,\mathrm{k\Omega}$）的截止频率 f_0。

（4）完成电路仿真的内容，列表整理相关实验数据并绘出相应的波形图。

2. 实验总结与思考

（1）图 2-69a 所示电路（$R = 33\,\mathrm{k\Omega}$，$C = 0.01\,\mu\mathrm{F}$，$R_1 = 27\,\mathrm{k\Omega}$，$R_f = 16\,\mathrm{k\Omega}$）是不是一个巴特沃兹型滤波器？

（2）实验内容 1 中，若选择正输入弦信号 $U_i = 6$ V（有效值），是否合适，为什么？

（3）设计一个二阶高通巴特沃兹型有源滤波器，截止频率 $f_0 = 1$ kHz。

（4）分析讨论在调试过程中出现的其他问题。

3. 实验报告要求

（1）完成实验操作的内容，列表整理相关实验数据并绘出相应的波形图。

（2）分析实验中产生的现象和问题。

（3）实验报告的写作要规范。

2.9　电压比较器

2.9.1　实验目的

（1）掌握电压比较器的电路构成及特点。

（2）学会测试比较器的方法。

2.9.2　实验内容

1. 实验原理

电压比较器是集成运放非线性应用电路，它将一个模拟量电压信号和一个参考电压相比较，在二者幅度相等的附近，输出电压将产生跃变，相应输出高电平或低电平。比较器可以组成非正弦波形变换电路及应用于模拟与数字信号转换等领域。

图 2-77a 所示为一最简单的电压比较器，U_R 为参考电压，加在运放的同相输入端，输入电压 u_i 加在反相输入端。

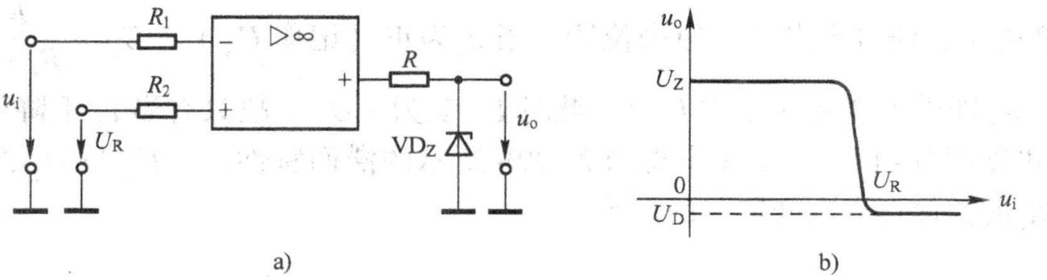

图 2-77　电压比较器

a）电路图　b）传输特性

当 $u_i < U_R$ 时，运放输出高电平，稳压管 VD_Z 反向稳压工作。输出端电位被其钳位在稳压管的稳定电压 U_Z，即

$$u_o = U_Z$$

当 $u_i > U_R$ 时，运放输出低电平，VD_Z 正向导通，输出电压等于稳压管的正向电压降 U_D，即

$$u_o = -U_D$$

因此，以 U_R 为界，当输入电压 u_i 变化时，输出端反映出两种状态：高电位和低电位。

表示输出电压与输入电压之间关系的特性曲线，称为传输特性。图 2-77b 为图 2-79a 所示比较器的传输特性。

常用的电压比较器有过零比较器、具有滞回特性的比较器、双限比较器（又称窗口比较器）等。

（1）过零比较器

如图 2-78a 所示电路为加限幅电路的过零比较器，VD_Z 为限幅稳压管。信号从运放的反相输入端输入，参考电压为零，从同相端输入。当 $U_i > 0$ 时，输出 $U_o = -(U_Z + U_D)$，当 $U_i < 0$ 时，$U_o = +(U_Z + U_D)$。其电压传输特性如图 2-80b 所示。

过零比较器结构简单，灵敏度高，但抗干扰能力差。

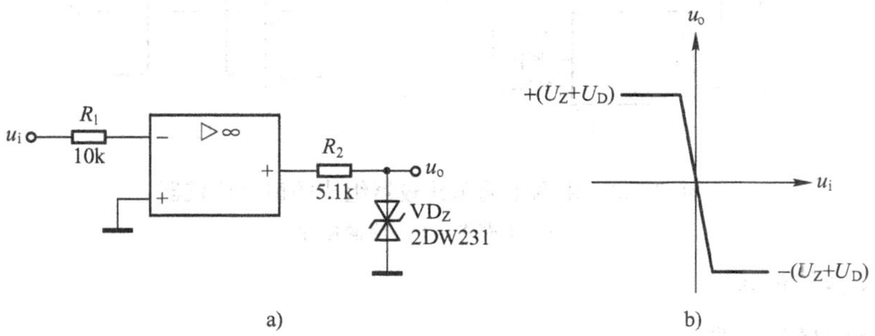

图 2-78　过零比较器

a）过零比较器　b）电压传输特性

（2）滞回比较器

图 2-79a 所示为具有滞回特性的过零比较器，过零比较器在实际工作时，如果 u_i 恰好

在过零值附近，则由于零点漂移的存在，u_o将不断由一个极限值转换到另一个极限值，这在控制系统中，对执行机构将是很不利的。为此，就需要输出特性具有滞回现象。如图2-81b所示，从输出端引一个电阻分压正反馈支路到同相输入端，若u_o改变状态，∑点也随着改变电位，使过零点离开原来位置。当u_o为正（记作U_+），$U_\Sigma=\frac{R_2}{R_f+R_2}U_+$，则当$u_i>U_\Sigma$后，$u_o$即由正变负（记作$U_-$），此时$U_\Sigma$变为$-U_\Sigma$。故只有当$u_i$下降到$-U_\Sigma$以下，才能使$u_o$再度回升到$U_+$，于是出现图2-79b所示的滞回特性。$-U_\Sigma$与$U_\Sigma$的差别称为回差。改变$R_2$的数值可以改变回差的大小。

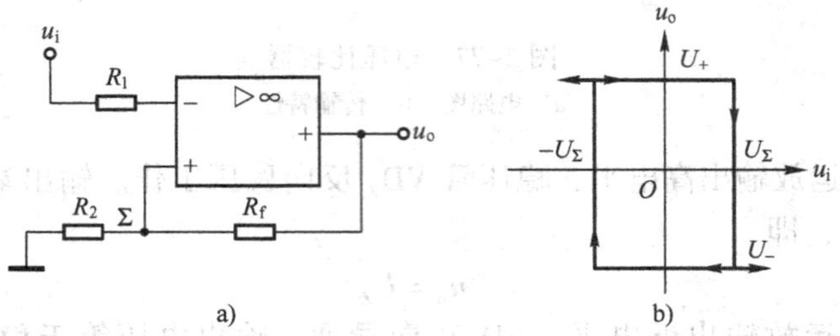

图2-79 滞回比较器
a）电路图 b）传输特性

(3) 窗口（双限）比较器

简单的比较器仅能鉴别输入电压u_i比参考电压U_R高或低的情况，窗口比较电路是由两个简单比较器组成的，如图2-80所示，它能指示出u_i值是否处于U_R^+和U_R^-之间。如$U_R^-<U_i<U_R^+$，窗口比较器的输出电压U_o等于运放的正饱和输出电压（$+U_{omax}$），如果$U_i<U_R^-$或$U_i>U_R^+$，则输出电压U_o等于运放的负饱和输出电压（$-U_{omax}$）。

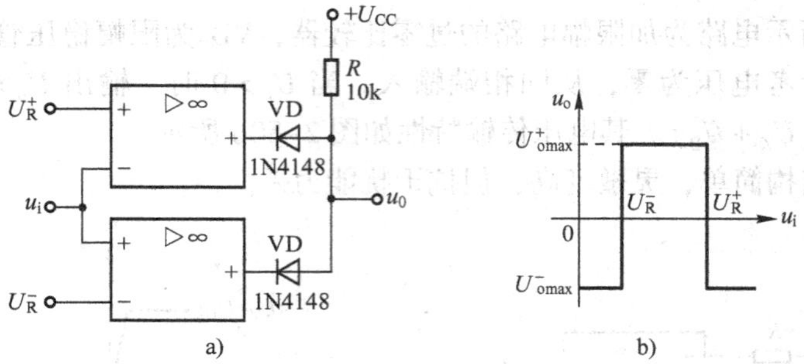

图2-80 由两个简单比较器组成的窗口比较器
a）电路图 b）传输特性

2. 实验仪器与设备

(1) 函数信号发生器。
(2) 双踪示波器。
(3) 交流毫伏表。
(4) 万用表。

3. 计算机仿真实验方案

（1）过零比较器

在 Multisim 仿真环境下建立如图 2-81 所示的仿真实验电路。

1）调整函数信号发生器，使输出的正弦交流信号为：$f=500$ Hz，$U_{ipp}=4$ V；同时用双踪示波器观察 u_o 和 u_i 的相对波形及相位关系并记录。

2）u_i 接 ±24 V 可调直流电源，首先测出 u_o 由 $+U_{omax}\to -U_{omax}$ 变化时 u_i 的临界值。接着再测出 u_o 由 $-U_{omax}\to +U_{omax}$ 变化时 u_i 的临界值，最终绘制传输特性曲线。

（2）反相滞回比较器

在 Multisim 仿真环境下建立如图 2-84 所示的仿真实验电路。

1）调整函数信号发生器，使输出的正弦交流信号为：$f=500$ Hz，$U_{ipp}=4$ V；同时用双踪示波器观察 u_o 和 u_i 的相对波形及相位关系并记录。

2）u_i 接 ±24 V 可调直流电源，首先测出 u_o 由 $+U_{omax}\to -U_{omax}$ 变化时 u_i 的临界值。接着再测出 u_o 由 $-U_{omax}\to +U_{omax}$ 变化时 u_i 的临界值，最终绘制传输特性曲线。

3）将分压支路 100 kΩ 电阻改为 200 kΩ，重复上述实验，测定传输特性，并绘制输入输出信号波形。

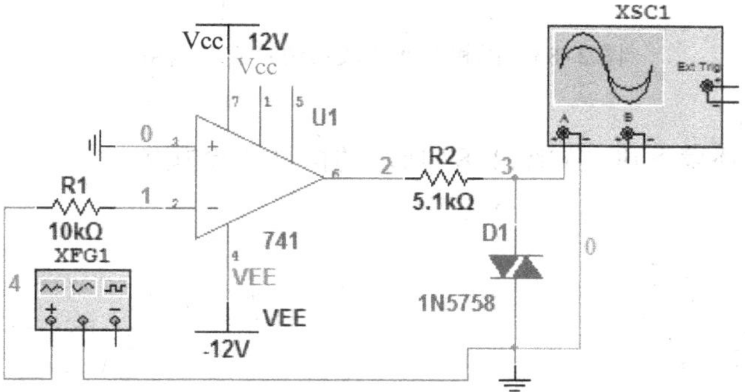

图 2-81　过零比较器仿真实验电路

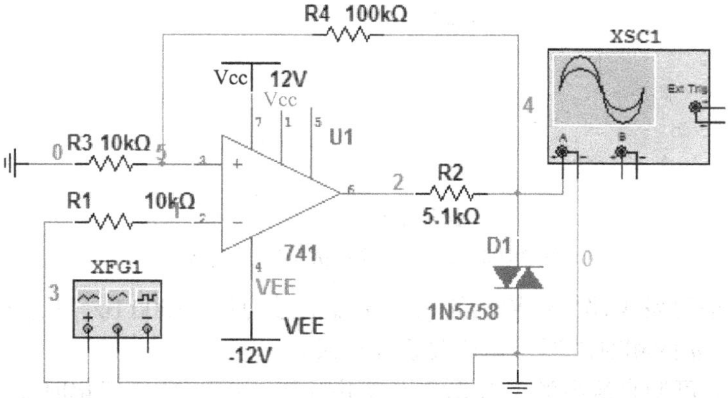

图 2-82　反相滞回比较器仿真实验电路

（3）同相滞回比较器

在 Multisim 仿真环境下建立如图 2-83 所示的仿真实验电路。

1）调整函数信号发生器，使输出的正弦交流信号为：$f=500$ Hz，$U_{ipp}=4$ V；同时用双踪示波器观察 u_o 和 u_i 的相对波形及相位关系并记录。

2）u_i接±24 V 可调直流电源，首先测出 u_o 由 $+U_{omax}\to-U_{omax}$ 变化时 u_i 的临界值。接着再测出 u_o 由 $-U_{omax}\to+U_{omax}$ 变化时 u_i 的临界值，最终绘制传输特性曲线。

3）将分压支路 100 kΩ 电阻改为 200 kΩ，重复上述实验，测定传输特性，并绘制输入输出信号波形。

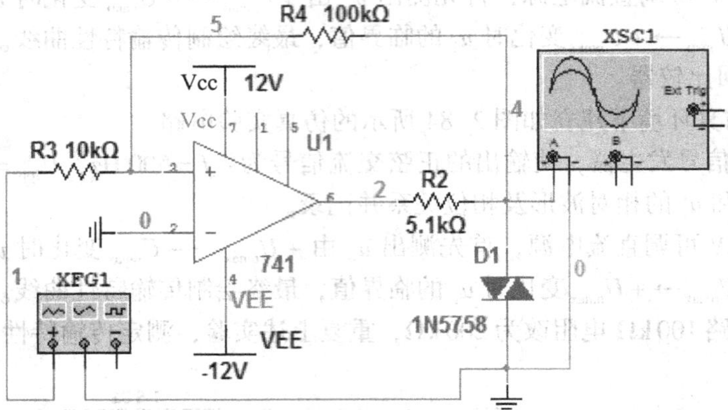

图 2-83　同相滞回比较器仿真实验电路

（4）窗口比较器

在 Multisim 仿真环境下建立如图 2-84 所示的仿真实验电路。

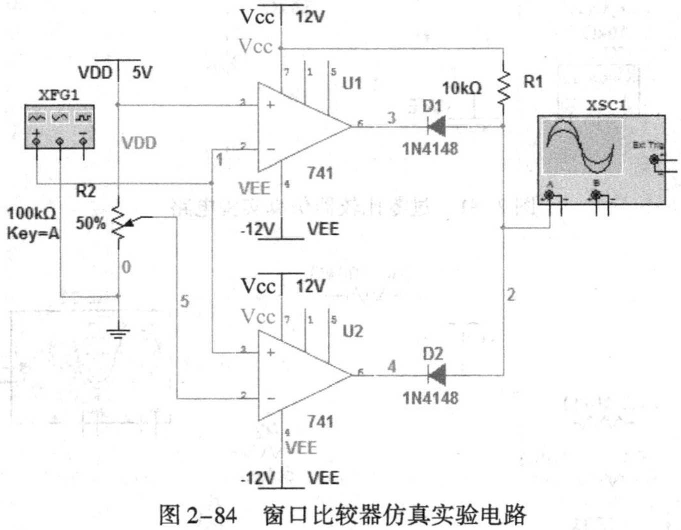

图 2-84　窗口比较器仿真实验电路

1）调整函数信号发生器，使输出的正弦交流信号为：$f=500$ Hz，$U_{ipp}=4$ V；同时用双踪示波器观察 u_o和 u_i的相对波形及相位关系并记录。

2）u_i接±24 V 可调直流电源，首先测出 u_o 由 $+U_{omax}\to-U_{omax}$ 变化时 u_i 的临界值。接着再测出 u_o 由 $-U_{omax}\to+U_{omax}$ 变化时 u_i的临界值，最终绘制传输特性曲线。

3）将分压支路 100 kΩ 电阻改为 200 kΩ，重复上述实验，测定传输特性，并绘制输入输出信号波形。

4. 实验室操作实验方案

（1）过零比较器

在实验箱上建立如图 2-78 所示的实验电路。

1）调整函数信号发生器，使输出的正弦交流信号为：$f=500\ \text{Hz}$，$U_{ipp}=4\ \text{V}$；同时用双踪示波器观察 u_o 和 u_i 的相对波形及相位关系并记录。

2）u_i 接 ±24 V 可调直流电源，首先测出 u_o 由 $+U_{omax} \to -U_{omax}$ 变化时 u_i 的临界值。接着再测出 u_o 由 $-U_{omax} \to +U_{omax}$ 变化时 u_i 的临界值，最终绘制传输特性曲线。

（2）反相滞回比较器

在实验箱上建立如图 2-85 所示的实验电路。

1）调整函数信号发生器，使输出的正弦交流信号为：$f=500\ \text{Hz}$，$U_{ipp}=4\ \text{V}$；同时用双踪示波器观察 u_o 和 u_i 的相对波形及相位关系并记录。

2）u_i 接 ±24 V 可调直流电源，首先测出 u_o 由 $+U_{omax} \to -U_{omax}$ 变化时 u_i 的临界值。接着再测出 u_o 由 $-U_{omax} \to +U_{omax}$ 变化时 u_i 的临界值，最终绘制传输特性曲线。

3）将分压支路 100 kΩ 电阻改为 200 kΩ，重复上述实验，测定传输特性，并绘制输入输出信号波形。

（3）同相滞回比较器

在实验箱上建立如图 2-86 所示的实验电路。

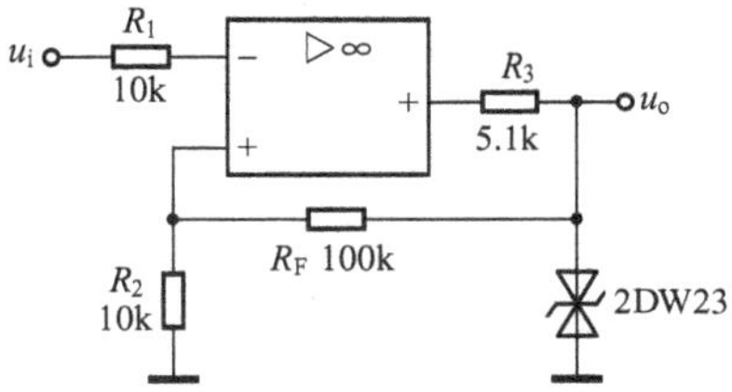

图 2-85 反相滞回比较器

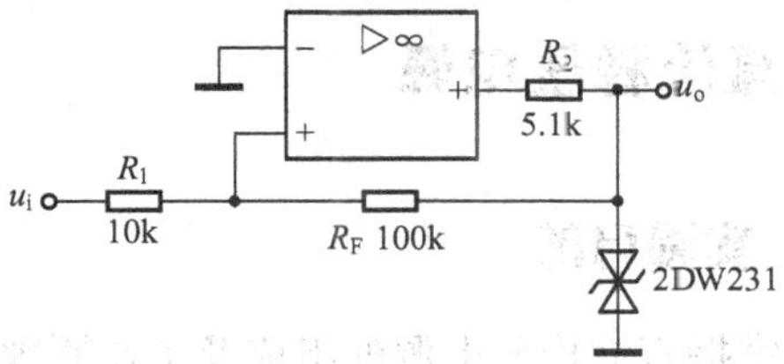

图 2-86 同相滞回比较器

1）调整函数信号发生器，使输出的正弦交流信号为：$f=500\ \text{Hz}$，$U_{ipp}=4\ \text{V}$；同时用双踪示波器观察 u_o 和 u_i 的相对波形及相位关系并记录。

2）u_i 接 ±24 V 可调直流电源，首先测出 u_o 由 $+U_{omcx} \to -U_{omcx}$ 变化时 u_i 的临界值。接着再测出 u_o 由 $-U_{omcx} \to +U_{omcx}$ 变化时 u_i 的临界值，最终绘制传输特性曲线。

3）将分压支路 100 kΩ 电阻改为 200 kΩ，重复上述实验，测定传输特性，并绘制输入输出信号波形。

（4）窗口比较器

在实验箱上建立如图 2-80 所示的实验电路。

1）调整函数信号发生器，使输出的正弦交流信号为：$f=500\ \text{Hz}$，$U_{ipp}=4\ \text{V}$；同时用双踪示波器观察 u_o 和 u_i 的相对波形及相位关系并记录。

2）u_i 接 ±24 V 可调直流电源，首先测出 u_o 由 $+U_{omcx} \to -U_{omcx}$ 变化时 u_i 的临界值。接着再测出 u_o 由 $-U_{omax} \to +U_{omax}$ 变化时 u_i 的临界值，最终绘制传输特性曲线。

3）将分压支路 100 kΩ 电阻改为 200 kΩ，重复上述实验，测定传输特性，并绘制输入输出信号波形。

2.9.3 实验预习与总结

1. 预习要求

(1) 复习教材有关比较器的内容。

(2) 画出各类比较器的传输特性曲线。

(3) 若要将图 2-80 所示窗口比较器的电压传输曲线高、低电平对调，应如何改动比较器电路。

(4) 完成电路仿真的内容，列表整理相关实验数据并绘出相应的波形图。

2. 实验总结与思考

(1) 整理实验数据，绘制各类比较器的传输特性曲线。

(2) 总结几种比较器的特点，阐明它们的应用。

(3) 分析讨论在调试过程中出现的其他问题。

3. 实验报告要求

(1) 完成实验操作的内容，列表整理相关实验数据并绘出相应的波形图。

(2) 分析实验中产生的现象和问题。

(3) 实验报告的写作要规范。

2.10 直流稳压电源

2.10.1 实验目的

(1) 掌握直流稳压电源的组成及工作原理。

(2) 掌握三端集成稳压器的使用方法。

(3) 掌握直流稳压电源主要参数的测试方法。

2.10.2 实验内容

1. 实验原理

(1) 直流稳压电源的组成及主要参数

直流稳压电源通常由电源变压器、整流电略、滤波器和稳压电路等部分组成，其原理框图如图 2-89 所示。

1) 电源变压器：将交流市电电压（AC 220 V）变换为符合整流需要的数值。

2) 整流电路：将交流电压变换为单相脉动直流电压。整流是利用二极管的单向导电性来实现的。

3) 滤波器：将脉动直流电压中交流分量滤去，形成平滑的直流电压。滤波可利用电容、电感或电阻、电容来实现。小功率整流滤波电路通常采用桥式整流、电容滤波电路。

4) 稳压电路：其作用是当交流电网电压波动或负载变化时，保证输出直流电压的稳定，稳压电路可采用稳压管来实现，在稳压性能要求较高的场合，可采用串联反馈式稳压电

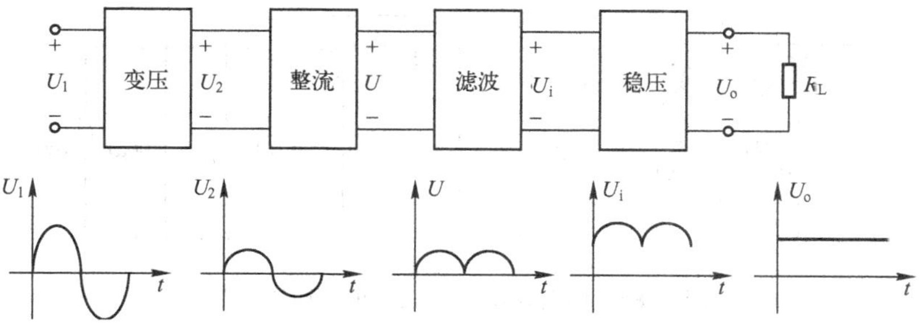

图 2-87　直流稳压电源的原理框图

路（包括基准电压、取样电路、放大电路和调整管等部分）。目前市场上通用的集成稳压电路已经非常普遍。集成稳压电路与分立元件组成的稳压电路相比，具有外接电路简单、体积小、工作可靠等优点。

（2）串联反馈式稳压电路

实验中由分立元件组成成的串联反馈式稳压电源如图 2-88 所示。VD_1 ~ VD_4 为桥式整流管，电容 C_1 实现滤波，稳压部分由调整管 VT_1、比较放大器 VT_2、取样电路（R_1，R_2，R_p）、基准电压（R_3，VD_z）和过电流保护电路（VT_3，R_4，R_5，R_6）等组成。为保证调整管工作在放大状态，通常使用调整管的最小管电压降 U_{CE1min} 为 3 V。

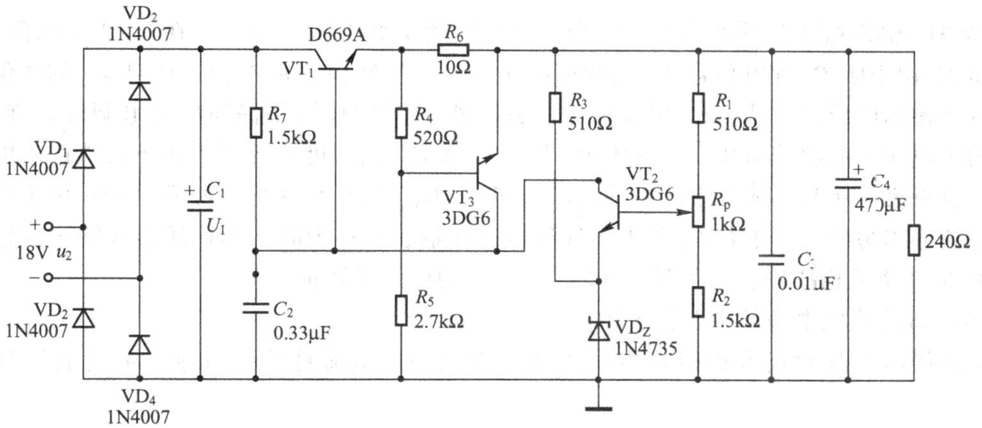

图 2-88　串联反馈式稳压电路

（3）固定输出电压三端集成稳压电路

实验中由固定输出电压三段集成稳压器 CW7812 组成的稳压电路如图 2-89 所示。CW7812 输出正电压 12 V，加热片最大输出电流可达 1 A，最小输入电压为 14 V。

图中：C_2、C_3 的作用是稳压器在输入电压和输出电流变化时，提高工作的稳定性和抑制高频干扰；C_4 是为进一步减小输出电压纹波而设置的。

（4）可调输出电压三端集成稳压电路

试验中由可调输出电压三段集成稳压器 CW317 组成的稳压电路如图 2-90 所示。CW317 输出正电压，可调输出电压范围为 1.2 ~ 37 V，最大输入电压为 40 V，最小输入电压为 3 V + U_o，最大输出电流有 100 mA、0.5 A、1.5 A、3.0 A 等不同等级。

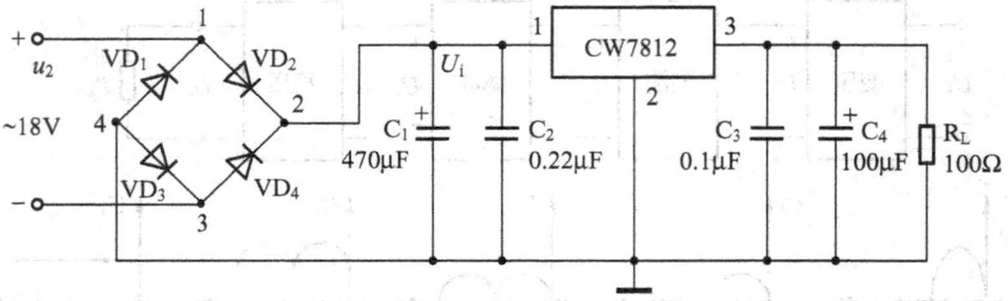

图 2-89　固定输出电压三端集成稳压电路

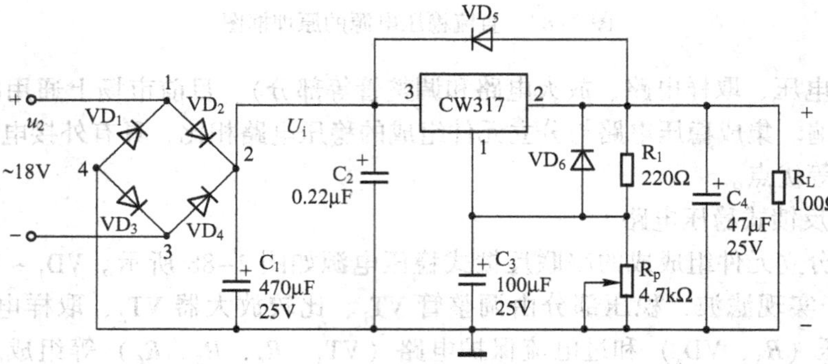

图 2-90　可调输出电压三端集成稳压电路

CW317 输出端 2 与调整端 1 之间为固定不变的基准电压 1.25 V（在 CW317 内部），输出电压 U_o 由电阻 R_1 和电位器 R_p 的数值决定，$U_o = 1.25(1+R_p/R_1)$，改变 R_p 的数值，可实现调节输出电压的大小。C_2 用来抑制高频干扰，C_3 的作用是提高稳压电源纹波抑制比，减小输出电压中的纹波电压，C_4 的作用是克服 CW317 在深度负反馈工作下可能产生的自激振荡，且可进一步减小输出电压中的纹波分量。VD_5、VD_6 为保护二极管，VD_5 用于防止当整流滤波输出短路时，电容 C_4 放电损坏集成稳压器，VD_6 为防止当稳压电源输出端短路时 C_3 放电损坏集成稳压器，在正常工作时，VD_5、VD_6 处于截止状态。

（5）直流稳压电源的主要技术指标

直流稳压电源的技术指标是指用来衡量直流稳压电源性能的标准，通常有下列几项内容：

1）输出电压 U_o。是指稳压电源输出符合要求的电压值以及它的调整范围。

2）输出电流 I_o。通常是指稳压电源允许输出的最大电流以及输出电流的变化范围。

3）稳压系数 S_u。定义为：当前输出电流 I_o 及温度 T 保持不变，输出电压 U_o 的相对变化量与输入电压 U_i（指稳压电路的输入电压）的相对变化量之比。即

$$S_U = \frac{\Delta U_o/U_o}{\Delta U_i/U_i}\bigg|_{I_o=0,T=0}$$

显然，$S_U \ll 1$，其值越小，稳压性能越好。工程实际中，把电网电压波动 ±10% 时输出电压的相对变化 $\Delta u_o/u_o$ 作为性能指标，称为电压调整率。

4）输出电阻 R_o。定义为：当输入电压 U_i 和温度 T 保持不变，输出电压的变化量与输入电流的变化量之比的绝对值，即 $R_o = \left|\frac{\Delta U_o}{\Delta I_o}\right|\bigg|_{U_i=0,T=0}$

输出电阻 R_o 的大小反应了直流稳压电源带负载能力的大小，其值越小，带负载能力越强。

5）输出纹波电压 U_{or}。是指直流稳压电源输出电压中交流分量，其大小可用交流分量的有效值或峰值表示。

2. 实验仪器与设备

（1）函数信号发生器。

（2）双踪示波器。

（3）交流毫伏表。

（4）万用表。

3. 计算机仿真实验方案

（1）分立元件串联反馈式直流稳压电源的研究

在 Multisim 仿真环境下建立如图 2-91 所示的仿真实验电路。

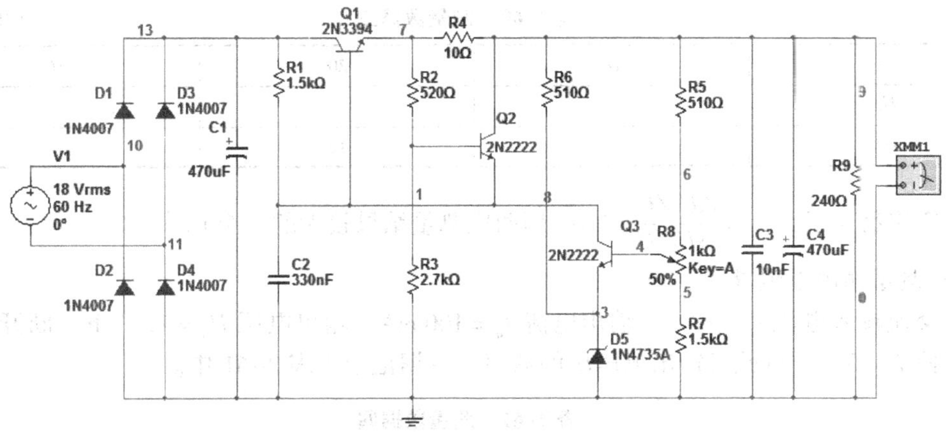

图 2-91　串联反馈式稳压仿真实验电路

1）观察输入电压（有效值）

$u_2 = 18$ V，先不加滤波电容 C_1，用示波器观察整流输出电压 U_i 的波形，并用直流电压表测出 U_i 的大小。然后接入滤波电容，再观察整流、滤波输出电压 U_i 的波形，并用直流电压表测出 U_i 的大小，结果填入表 2-58。

表 2-58　测量数据一

状　态	U_i 的波形	U_i/V
未接 C_1		
接 C_1		

2）测量输出电压的可调范围

在交流输入电压 $u_2 = 18$ V 下，调节电位器 R_p，测量输出电压的最大值 U_{omax} 和最小值 U_{omin}。

3）测量各管静态工作点

在交流输入电压 $u_2 = 18$ V 下，调节电位器 R_p，使输出电压 $U_o = 12$ V，接负载电阻 $R_L =$

120 Ω，即输出电流 $I_o = 100$ mA，测量各晶体管的静态工作点。数据记录于表 2-59 中，并指出各管的工作状态（放大、饱和、截止）。

表 2-59 测量数据二 （单位：V）

电压及工作状态	VT_1	VT_2	VT_3
U_B			
U_E			
U_C			
工作状态			

4）测量稳压系数 S_u

在交流输入电压 $u_2 = 18$ V 下，使输出电压 $U_o = 12$ V，$I_o = 100$ mA。然后分别改变 u_2 为 20 V 和 16 V（即相当于电网电压波动 ±10%），测量相应的稳压输入电压 U_i 和输出电压 U_o，数据填入表 2-60 中。

表 2-60 测量数据三 （单位：V）

U_2	18	20	16
U_i			
U_o		12	

计算出稳压系数 $S_U = \dfrac{\Delta U_o / U_o}{\Delta U_i / U_i}$（$\Delta U_o$用两次测量结果较大的一个）。

5）测量输出电阻 R_o

在交流输入电压 $u_2 = 18$ V、输出电流 $I_o = 100$ mA、输出电压 $U_o = 12$ V 下，断开负载电阻，即使 $I_o = 0$，测量此时输出电压 U_o 的数值，数据记录于表 2-61 中。

表 2-61 测量数据四

I_o/mA	U_o/V
100	12
0	

计算输出电阻 $R_o = \left| \dfrac{\Delta U_o}{\Delta I_o} \right|$。

6）测量输出纹波电压

在 $u_2 = 18$ V、$U_o = 12$ V、$I_o = 100$ mA 下，用示波器测量出纹波电压的峰值 U_{orm}。

7）观察过电流保护电路的作用

① 在 $u_2 = 18$ V、U_o 下，改变负载电阻 R_L 为 40Ω，测量此时 VT_3 管各电极的电位，说明过电流保护是否起作用。

② 在 $u_2 = 18$ V、$I_o = 100$ mA 下，用导线瞬时短接一下输出端，然后检查电路能否恢复正常工作。

（2）测量固定输出电压三端稳压电路性能指标

在 Multisim 仿真环境下建立如图 2-92 所示的仿真实验电路。

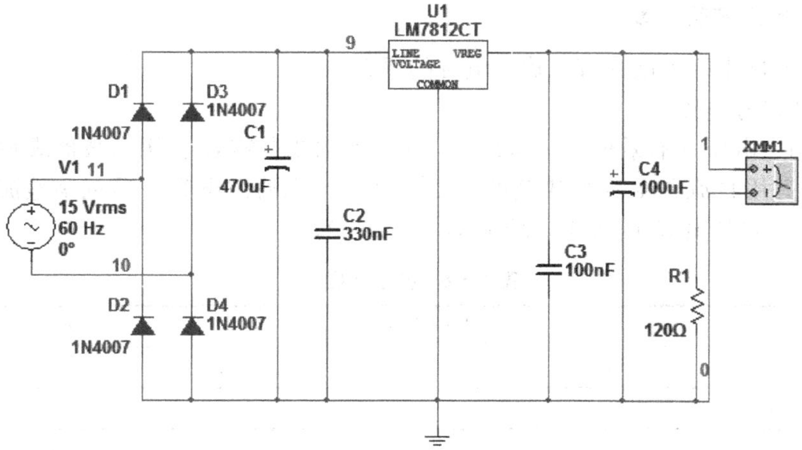

图 2-92　固定输出电压三端集成稳压仿真实验电路

实验方法参照实验内容（1）进行。

1）测量稳压系数。

2）测量输出电阻。

3）测量输出纹波电压。

（3）测量可调输出电压三端稳压电路性能指标

在 Multisim 仿真环境下建立如图 2-93 所示的仿真实验电路。

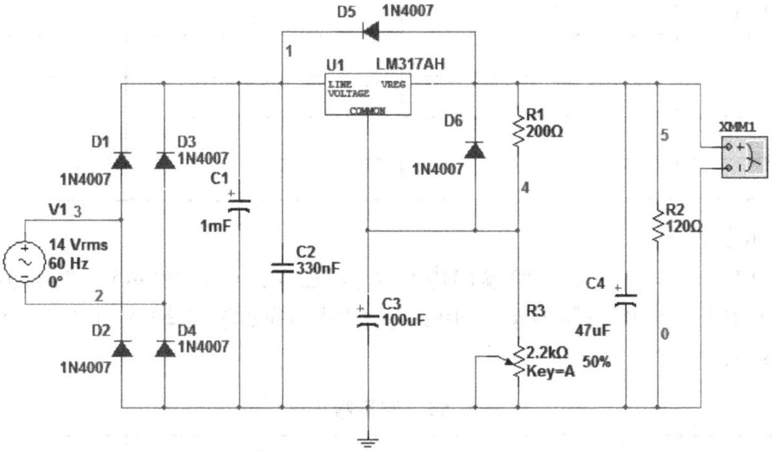

图 2-93　可调输出电压三端集成稳压仿真实验电路

实验方法参照实验内容（1）进行。

1）测量输出电压的可调范围。

2）测量稳压系数。

3）测量输出电阻。

4）测量输出纹波电压。

4. 实验室操作实验方案

(1) 分立元件串联反馈式直流稳压电源的研究

按图 2-88 接好电路。

1) 观察输入电压（有效值）$u_2=18\ \mathrm{V}$，先不加滤波电容 C_1，用示波器观察整流输出电压 U_i的波形，并用直流电压表测出 U_i的大小。然后接入滤波电容，再观察整流、滤波输出电压 U_o的波形，并测出 U_i 的大小。结果填入表 2-62。

表 2-62　测量数据一

状　态	U_i的波形	U_i/V
未接 C_1		
接 C_1		

2) 测量输出电压的可调范围

在交流输入电压$u_2=18$ V 下，调节电位器R_P，测量输出电压的最大值 U_{omax} 和最小值U_{omin}。

3) 测量各管静态工作点

在交流输入电压$u_2=18$ V 下，调节电位器R_P,使输出电压 $U_o=12$ V，接负载电阻$R_L=100\ \Omega$，即输出电流 $I_o=100$ mA，测量各晶体管的静态工作点。数据记录于表 2-63 中，并指出各管的工作状态（放大、饱和、截止）。

表 2-63　测量数据二

电压及工作状态/V	VT_1	VT_2	VT_3
U_B			
U_E			
U_C			
工作状态			

4) 测量稳压系数 S_u

在交流输入电压$u_2=18$ V 下，使输出电压 $U_o=12$ V，$I_o=100$ mA。然后分别改变 u_2 为 20 V 和 16 V（即相当于电网电压波动 ±10%），测量相应的稳压输入电压 U_i 和输出电压U_o，数据填入表 2-64 中。

表 2-64　测量数据三　（单位：V）

U_2	18	20	16
U_i			
U_o	12		

计算出稳压系数 $S_U=\dfrac{\Delta U_o/U_o}{\Delta U_i/U_i}$（$\Delta U_o$ 用两次测量结果较大的一个）。

5) 测量输出电阻 R_o

在交流输入电压$u_2=18$ V、输出电流 $I_o=100$ mA、输出电压 $U_o=12$ V 下，断开负载电阻，即使 $I_o=0$，测量此时输出电压U_o的数值，数据记录于表 2-65 中。

表 2-65　测量数据四

I_o/mA	U_o/V
100	12
0	

计算输出电阻 $R_o = \left|\dfrac{\Delta U_o}{\Delta I_o}\right|$。

6）测量输出纹波电压

在 $u_2 = 18$ V、$U_o = 12$ V、$I_o = 100$ mA 下，用示波器测量出纹波电压的峰值 U_{orm}。

7）观察过电流保护电路的作用

① 在$u_2 = 18$ V、$U_o = 12$ V 下，改变负载电阻 R_L 为 40 Ω，测量此时 VT_3 管各电极的电位，说明过电流保护是否起作用。

② 在 $u_2 = 18$ V、$U_o = 12$ V、$I_o = 100$ mA 下，用导线瞬时短接一下输出端，然后检查电路能否恢复正常工作。

（2）测量固定输出电压三端稳压电路性能指标

实验电路如图 2-89 所示，连接好电路，实验方法参照实验内容 1。

1）测量稳压系数。

2）测量输出电阻。

3）测量输出纹波电压。

（3）测量可调输出电压三端集成稳压电路性能指标

实验电路如图 2-90 所示，连接好电路，实验方法参照实验内容（1）。

（1）测量输出电压的可调范围。

（2）测量稳压系数。

（3）测量输出电阻。

（4）测量输出纹波电压。

2.10.3　实验预习与总结

1. 预习要求

（1）了解整流、滤波电路的组成及工作原理。

（2）了解串联反馈式稳压电路的组成及工作原理。

（3）了解直流稳压电源的性能指标。

（4）复习示波器的使用方法，了解测量输出纹波电压应采用输入交流耦合还是直流耦合方式。

（5）预先估算出图 2-88 和图 2-90 所示电路的输出可调范围。

（4）完成电路仿真的内容，列表整理相关实验数据并绘出相应的波形图。

2. 实验总结与思考

（1）整理实验数据，计算 S_u 和 R_o，并与手册上的典型值进行比较。

（2）分析讨论实验中发生的现象和问题。

（3）桥式整流电路中，如果某个二极管发生开路、短路或反接三种情况，将会产生什么结果？

（4）图 2-88 所示的电路，最小输入电压 U_{imin} 发生在什么情况下，其数值至少应为多大？相应的交流输入电压最小数值 U_{2min} 应为多大？

（5）分析讨论在调试过程中出现的其他问题。

3. 实验报告要求

（1）完成实验操作的内容，列表整理相关实验数据并绘出相应的波形图。

（2）分析实验中产生的现象和问题。

（3）实验报告的写作要规范。

2.11 集成门电路及组合电路

2.11.1 实验目的

（1）掌握 TTL 集成门电路的主要参数及测试方法。

（2）通过门电路的参数测试，更好地了解门电路的电气性能和特点。

（3）掌握用 TTL 基本门电路进行组合电路设计的方法。

2.11.2 实验内容

1. 实验原理

集成逻辑门电路是数字电路的基础，常用的有两大类：一类是以晶体管为核心组成的 TTL 电路。另一类是以场效应晶体管为核心组成的互补型 MOS 集成电路即 CMOS 电路。两者的应用都很广泛。

（1）TTL 与非门的主要参数

本实验采用 TTL 双极型数字集成逻辑门器件 74LS00，它有四个 2 输入与非门，封装形式为双列直插式，引脚排列如图 2-94 所示，其中 AB 为输入端，Y 为输出端，输入输出关系为 $Y=\overline{AB}$。TTL 逻辑门电路主要参数有以下几个。

1）电压传输特性

与非门的输出电压 U_o 随输入电压 U_i 的变化用曲线描绘出来，这曲线就是与非门的电压传输特性。通过此曲线可知道与非门电路的一些重要参数，如输出高电平 V_{OH}、输出低电平 V_{OL}、阈值电平 V_{TH}。

2）输入特性，输出特性

输入特性曲线：就是输入电流随输入电压变化的曲线。一般情况下，输入电压限制在 5.5 V 以下，当输入电压在 1.5～5.5 V 之间变化时，输入电流 I_i 基本保持不变，称为输入高电平电流 I_{iH}，其最大值为 40 μA 左右，当输入电压在 0 V 和 1.5 V 之间变化时，电流开始从输入端流出，且随输入电压的增大而迅速减小（绝对值），称为输入低电平电流 I_{iL}，约为 −1 mA；当输入电压为 0 时，称为输入短路电流 I_{iS}；I_{iS} 的数值要比 I_{iL} 的数值略大一点，在作近似分析计算时，经常用手册上给出的 I_{iS} 近似代替 I_{iL} 使用。

输出特性曲线：就是输出电压和负载电流的关系曲线，分为高电平输出特性和低电平输出特性。当逻辑门输出高电平时，输出电压和负载电流的关系称为高电平输出特性。74 系列门电路的运用条件规定，输出高电平时，最大负载电流不能超过 0.4 mA。当逻辑门输出低电平时，输出电压和负载电流的关系称为低电平输出特性，输出低电平时，最大负载电流不能超过 16 mA。

3）扇出系数 N

扇出系数 N 是指反相器可以驱动同类型反相器的最大数目，这个数值也叫作门电路的扇出系数，一般要求 $N>8$。

（2）集成门电路逻辑功能分类

用以实现基本逻辑运算和复合逻辑运算的单元电路统称为门电路。常用的门电路在逻辑功能上有与门、或门、非门、与非门、或非门、异或门等几种，其逻辑符号、表达式、特点见表 2-66。

表 2-66　常用门电路逻辑功能表

名　称	表 达 式	逻 辑 符 号	特　点
与　门	$Y=A\cdot B$	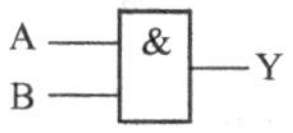	有“0”得“0” 全“1”得“1”
或　门	$Y=A+B$	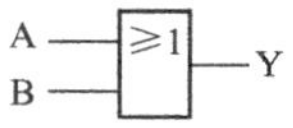	有“1”得“1” 全“0”得“0”
非　门	$Y=\overline{A}$	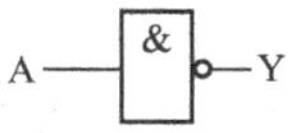	有“0”得“1” 有“1”得“0”
与非门	$Y=\overline{A\cdot B}$	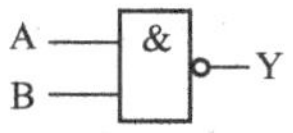	有“0”得“1” 全“1”得“0”
或非门	$Y=\overline{A+B}$	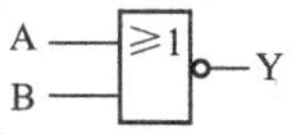	有“1”得“0” 全“0”得“1”
异或门	$Y=A+B$	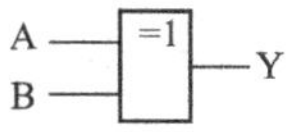	相同得“0” 不同得“1”

2. 实验仪器和元器件

（1）数字电路实验箱。

（2）数字万用表。

（3）元器件：74LS00，1 kΩ 精密电位器，220 Ω。

3. 实验室操作实验方案

（1）TTL 与非门的电压传输特性测试

用静态法测试：按图 2-95 画出测试电路，$U_o=f(U_i)$，改变 U_i 测出对应的 U_o 之值，将结果填入表 2-67，并用方格纸画出特征曲线，图 2-94 是 74LS00 引脚排列图。

表 2-67　与非门电压传输特性测试表

U_i/V	0.2	0.4	0.6	0.8	1.0	1.1	1.25	1.3	1.4	1.5	1.6	1.7	1.8	2.0
U_o/V														

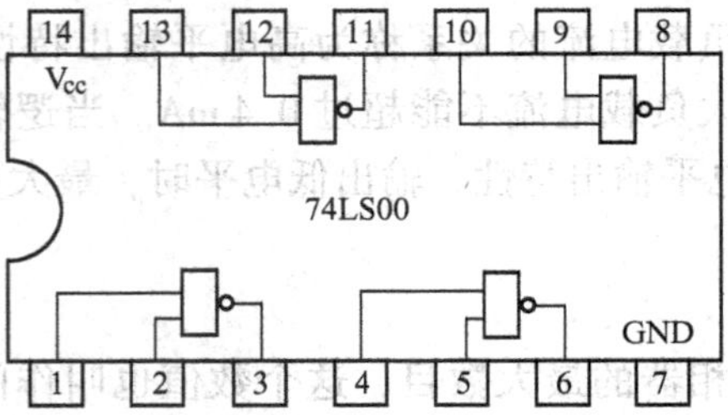

图 2-94 74LS00 引脚排列

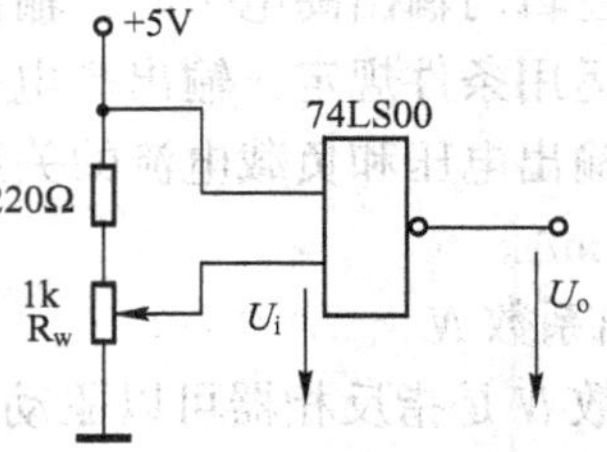

图 2-95 电压传输特性测试

（2）TTL 与非门的输出特性参数测试

如图 2-98 所示，$U_{oL}=f(I_{oL})$ 和 $U_{oH}=f(I_{oH})$ 测试电路，分别测出各参数，填入表 2-68 中，并根据所测得的数据绘出特性曲线（利用方格纸）。

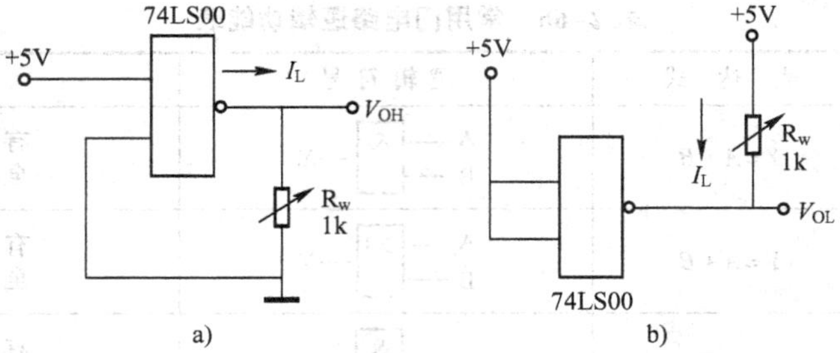

图 2-96 与非门输出特性测试

a）与非门高电平输出 b）与非门低电平输出

表 2-68 与非门输出特性参数测试表

R_W/Ω		1000	470	330	220	110	I_L计算
输出高电平	V_{oH}/V						$I_L=\frac{V_{OH}}{R_W}$
	I_L/mA						
输出低电平	V_{oL}/V						$I_L=\frac{5-V_{OL}}{R_W}$
	I_L/mA						

（3）用 TTL 集成块的与非门实现或门、异或门，要求画出电路图，并将输入、输出的逻辑关系填入表 2-69 中。

表 2-69 输入、输出的逻辑关系表

输 入		理论输出		实际输出	
A	B	或门	异或门	或门	异或门
0	0				
0	1				
1	0				
1	1				

（4）用 74LS00 与非门设计一个报警控制电路。

某设备有开关 A、B、C，具体执行时要求只有开关 A 接通的条件下，开关 B 才能接通，开关 C 只有在开关 B 接通的条件下才能接通。违反这一规则，发出报警信号。设计一个由与非门组成的能实现这一功能的报警控制电路。要求画出电路图并经实验验证。

2.11.3　实验预习与总结

1. 预习要求

（1）了解逻辑门的输入、输出特性测量方法。

（2）了解逻辑函数的化简方法。

2. 实验总结与思考

（1）整理实验数据，完成表格所要求的测量项目。

（2）实验用 TTL74LS 系列集成电路电源电压的范围是多少？

（3）对于 TTL 门电路，输入端悬空相当于什么电平？多余的输入端，在实际接线中应如何处理？

（4）说明各类门电路在逻辑功能上的区别？怎样判断门电路的逻辑功能是否正常？

3. 实验报告要求

（1）完成实验操作的内容，列表整理相关实验数据并绘出相应的波形图。

（2）分析实验中产生的现象和问题。

（3）实验报告的写作要规范。

第3章　电子技术提高性实验

3.1　晶体管放大器的设计

3.1.1　晶体管放大器电路

晶体管放大器电路作为基本放大电路中比较重要的一类，通常有三种基本接法：共射极放大电路、共集电极放大电路、共基极放大电路。三种电路形式各有特点：共射极放大电路既能放大电流又能放大电压，输入电阻在三种电路中居中，输出电阻较大，频带较窄；共集电极放大电路只能放大电流不能放大电压，是三种接法中输入电阻最大、输出电阻最小的电路，并具有电压跟随的特点；共基极放大电路只能放大电压不能放大电流，输入电阻小，电压放大倍数和输出电阻与共射基放大电路相当，频率特性是三种接法中最好的电路。鉴于以上三种放大电路组态各自的特点，在以信号放大为目的的放大电路中多采用共射极接法，因为这种组态的放大电路既能放大电压信号又能放大电流信号。

晶体管放大器电路中广泛应用图3-1所示的电路，该电路称为阻容耦合共射极放大器，它采用分压式电流负反馈偏置电路。放大器的静态工作点 Q 主要由 R_{b1}、R_{b2}、R_c、R_e 及电源电压 $+U_{CC}$ 所决定。该电路利用电阻 R_{b1}、R_{b2} 的分压固定基极电位 V_{bQ}。如果满足条件 $I_1 \gg I_{bQ}$，当温度升高时，$I_{cQ}\uparrow \rightarrow U_{eQ}\uparrow \rightarrow U_{be}\downarrow \rightarrow I_{bQ}\downarrow \rightarrow I_{cQ}\downarrow$，结果抑制了 I_{cQ} 的变化，从而获得稳定的静态工作点。本节就以共射极放大电路为例来介绍晶体管放大器电路的设计方法。

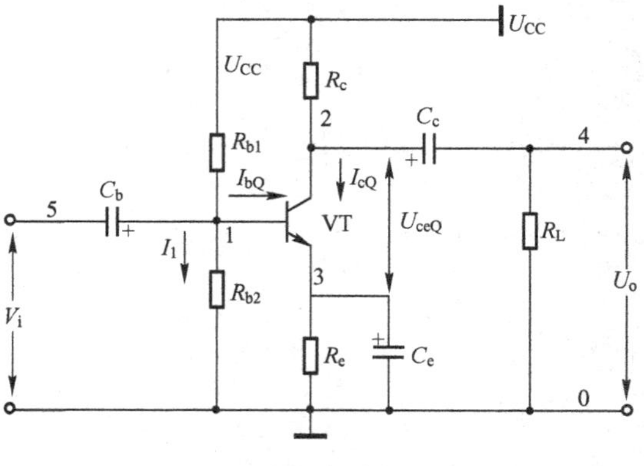

图3-1　阻容耦合共射极放大器

3.1.2　晶体管放大器电路设计步骤

在设计晶体管放大器电路时，设计题目都会给出包括电源电压、输入信号的大小 V_i（含信号源内阻）、电路增益 A_v、输入电阻 R_i、输出电阻 R_o、通频带上限截止频率 f_H 和下限

截止频率 f_L、电路形式等在内的已知条件。

在这种情况下，晶体管放大器电路的设计步骤如下：

(1) 确定晶体管型号

在电路形式确定的情况下，要根据电路设计相关指标确定合适的晶体管型号，譬如放大器电路的工作频率和电路增益直接影响晶体管型号的选取，通常要求晶体管的 β 值要明显大于 A_v 的值，晶体管的特征频率 f_T 要远远大于通频带上限截止频率 f_H 等。

(2) 设置静态工作点并计算元件参数

具体过程如下：

1) 确定 I_{cQ}，依据的公式有：

$$r_{be}=r_b+(1+\beta)\frac{26(mV)}{I_{eQ}(mA)}\approx 300+\beta\frac{26(mV)}{I_{cQ}(mA)} \tag{3-1}$$

$$I_{cQ}=0.5\sim 2\,mA \tag{3-2}$$

2) 确定 $U_{bQ}(U_{eQ})$，依据的公式有：

$$\left.\begin{aligned}U_{bQ}&=(3\sim 5)V(\text{硅管})\\U_{bQ}&=(1\sim 3)V(\text{锗管})\end{aligned}\right\} \tag{3-3}$$

$$U_{eQ}=(0.2\sim 0.5)U_{CC} \tag{3-4}$$

3) 确定 R_e，依据的公式有：

$$R_e\approx\frac{U_{bQ}-U_{be}}{I_{cQ}}=\frac{U_{eQ}}{I_{cQ}} \tag{3-5}$$

4) 确定 R_{b2}，依据的公式有：

$$R_{b2}\approx\frac{U_{bQ}}{I_1}=\frac{U_{bQ}}{(5\sim 10)I_{cQ}}\beta \tag{3-6}$$

说明：当 $I_1\gg I_{bQ}$时，才能保证 U_{bQ}恒定，这是工作点稳定的必要条件，一般取

$$\left.\begin{aligned}I_1&=(5\sim 10)I_{bQ}(\text{硅管})\\I_1&=(10\sim 20)I_{bQ}(\text{锗管})\end{aligned}\right\} \tag{3-7}$$

5) 确定 R_{b1}，依据的公式有：

$$R_{b1}\approx\frac{U_{CC}-U_{bQ}}{U_{bQ}}R_{b2} \tag{3-8}$$

6) 确定 R'_L，依据的公式有：

$$\dot{A}_V=\frac{\dot{U}_o}{\dot{A}_i}=\frac{-\beta R'_L}{r_{be}}\Rightarrow R'_L=-\frac{A_V r_{be}}{\beta} \tag{3-9}$$

7) 确定 R'_L，依据的公式有：

$$R'_L R_c // R_L\Rightarrow R_c=\frac{R_L R'_L}{R_L-R'_L} \tag{3-10}$$

8) 确定 C_b、C_c、C_e，依据的公式有：

$$C_b\geqslant(3\sim 10)\frac{1}{2\pi f_L(R_s+r_{be})} \tag{3-11}$$

$$C_c\geqslant(3\sim 10)\frac{1}{2\pi f_L(R_C+R_L)} \tag{3-12}$$

$$C_e \geq (1 \sim 3)\frac{1}{2\pi f_L\left(R_e \parallel \dfrac{R_s + r_{be}}{1+\beta}\right)} \tag{3-13}$$

3.1.3 晶体管放大器电路设计举例

已知条件 $U_{CC} = +12\text{ V}$，$R_L = 3\text{ k}\Omega$，$U_i = 10\text{ mV}$，$R_s = 600\ \Omega$。

设计一阻容耦合单级晶体管放大器，性能指标要求 $A_V > 40$，$R_i > 1\text{ k}\Omega$，$R_o < 3\text{ k}\Omega$，$f_L < 100\text{ Hz}$，$f_H > 100\text{ kHz}$。

首先，确定晶体管型号。

因放大器的上限频率要求较高，故选用高频小功率管 3DG100，其特性参数 $I_{CM} = 20\text{ mA}$，$U_{(BR)CEO} \geq 20\text{ V}$，$f_T \geq 150\text{ MHz}$。通常要求 β 的值大于 A_V 的值，故选 $\beta = 60$ 。

其次，设置静态工作点并计算元件参数。

由于是小信号放大器，故采用公式法设置静态工作点 Q，计算如下：

要求 $R_i(R_i \approx r_{be}) > 1\text{ k}\Omega$，根据式（3-1）得

$$I_{cQ} < \frac{26\beta}{1000 - 300}\text{ mA} = 2.2\text{ mA}$$

取 $I_{cQ} = 1.5\text{ mA}$。

若取 $U_{bQ} = 3\text{V}$，由式（3-5）得 $R_e \approx \dfrac{U_{bQ} - U_{be}}{I_{cQ}} = 1.53\text{ k}\Omega$，取标称值 1.5 kΩ。

由式（3-6）得 $R_{b2} = \dfrac{U_{bQ}}{(5 \sim 10)I_{cQ}}\beta = 24\text{ k}\Omega$（这里 I_{cQ} 的值取 5）

由式（3-8）得 $R_{b1} \approx \dfrac{U_{CC} - U_{bQ}}{U_{bQ}}R_{b2} = 72\text{ k}\Omega$

为使静态工作点调整方便，R_{b1} 由 30 kΩ 固定电阻与 100 kΩ 电位器相串联而成。

$$r_{be} = 300\ \Omega + \beta\frac{26\text{ mV}}{(I_{cQ})\text{ mA}} = 1.34\text{ k}\Omega$$

由式（3-10）得 $R'_L \approx \dfrac{A_V r_{be}}{\beta} = 0.89\text{ k}\Omega$

则 $R_c = \dfrac{R'_L R_L}{R_L - R'_L} = 1.27\text{ k}\Omega$

综合考虑，取标称值 1.5 kΩ。

由于 $(R_s + r_{be}) < (R_c + R_L)$，比较式（3-11）与式（3-12），故由式(3-11)计算 C_b，即

$$C_b \geq (3 \sim 10)\frac{1}{2\pi f_L(R_s + r_{be})} = 8.2\ \mu\text{F} \qquad \text{取标称值 } 10\mu\text{F}$$

取 $C_c = C_b = 10\ \mu\text{F}$ 由式（3-13）得

$$C_e \geq (1 \sim 3)\frac{1}{2\pi f_L\left(R_e /\!/ \dfrac{R_s + r_{be}}{1+\beta}\right)} = 98.5\ \mu\text{F} \qquad \text{取标称值 } 100\ \mu\text{F}$$

最后，验算测量结果并进行误差分析。

如图 3-2 所示的电路，其静态工作点的测量值为

$$U_{bQ}=3.4\ V \qquad U_{eQ}=2.7\ V$$
$$I_{cQ}=1.8\ mA \qquad U_{cQ}=9.3\ V$$

性能指标的测量值为

$$A_V=47 \qquad R_i=1.1\ k\Omega \qquad R_o=1.5\ k\Omega$$
$$f_L=100\ Hz \qquad f_H>999\ kHz$$

根据图 3-2 所示的电路参数，进行理论计算为

$$U_{bQ}=\frac{R_{b2}}{R_{b1}+R_{b2}}U_{CC}=3.4\ V \qquad U_{eQ}=U_{bQ}-0.7\ V=2.7\ V$$

$$I_{cQ}\approx\frac{U_{eQ}}{R_e}=108\ mA \qquad R_i\approx r_{be}=300\ \Omega+\beta\frac{26\ mV}{(I_{cQ})\ mA}\approx1.2\ k\Omega$$

$$R_o\approx R_c=1.5\ k\Omega \qquad A_V=-\frac{\beta R'_L}{r_{be}}=-50$$

$$f_L=\frac{10}{2\pi C_b(R_s+r_{be})}=88\ Hz$$

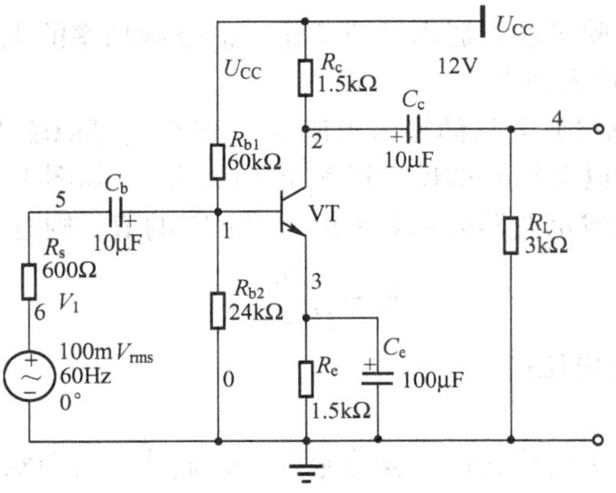

图 3-2　设计举例的实验电路

从而得测量误差（理论值为上述计算值）如下：

$$r_{AV}=\frac{\Delta A_V}{A_V}\times100\%=-6\% \qquad r_{Ri}=\frac{\Delta R_i}{R_i}\times100\%=-8\%$$

$$r_{Ro}=\frac{\Delta R_o}{R_o}\times100\%=0 \qquad r_{fL}=\frac{\Delta f_L}{f_L}\times100\%=14\%$$

产生测量误差的主要原因如下：

- 测量仪器及测量读数误差。
- 元器件本身参数的取值误差。
- 工程近似计算式引入的理论计算误差。

3.1.4　设计任务

已知条件 $U_{CC}=+12\ V, R_L=3\ k\Omega, U_i=10\ mV, R_s=60\ \Omega$。设计一阻容耦合单级晶体管放大器，性能指标要求 $A_v>60, R_i>2\ k\Omega$，$R_o<2\ k\Omega$，$f_L<100\ Hz$，$f_H>10\ kHz$。

3.1.5 电路的安装与性能指标测试

在电路板上搭建或焊接制作自己设计的电路，组装时应尽量按照电路的形式与顺序布线。通电前，先用万用表检测连接导线是否接触良好，然后接通预先调整好的直流电源。实验电路经检查无误后可以上电初测，确保电路处于线性放大状态。

（1）测试电路的静态工作点

测量方法是：不加输入信号，将放大器输入端（耦合电容 C_b 左端接地），即 $U_i=0$。用万用表分别测量晶体管的 B、E、C 极对地的电压 U_{bQ}、U_{eQ}、U_{cQ}，并计算 I_{cQ}。

（2）测量电压放大倍数

测量电压放大倍数，实际上是测量放大器的输入电压$\dot{U}_i$ 与输出电压$\dot{U}_0$ 的值。在波形不失真的条件下，如果测出 U_i（有效值）或 U_{im}（峰值）与 U_o（有效值）或 U_{om}（峰值），则

$$A_V=\frac{U_o}{U_i}=\frac{U_{om}}{U_{im}} \tag{3-14}$$

（3）测量输入电阻

放大器的输入电阻反映了放大器本身消耗输入信号源功率的大小。若 $R_i \gg R_s$（信号源内阻），则从信号源获得最大功率。

用“串联电阻法”测得放大器的输入电阻 R_i，即在信号源输出与放大器输入端之间串联一个已知电阻 R（一般以选择 R 的值接近 R_i 的值为宜），如图 3-3 所示。输出波形不失真情况下，用晶体管毫伏表或示波器分别测量出 U_s 与 U_i 的值，则有

$$R_i=\frac{U_i}{U_s-U_i}R \tag{3-15}$$

式中，U_s 为信号源的输出电压值。

（4）测量输出电阻

放大器输出电阻的大小反映其带负载的能力，R_o 越小，带负载的能力越强。当 $R_o \ll R_L$ 时，放大器可等效成一个恒压源。

放大器输出电阻的测量方法如图 6-4 所示，电阻 R_L 应与 R_o 接近。在输出波形不失真的情况下，首先测量未接入 R_L 即放大器负载开路时的输出电压 U_o 的值；然后接入 R_L 再测量放大器负载上的电压 V_{oL}的值，则有

$$R_o=\left(\frac{U_o}{U_{oL}}-1\right)R_L \tag{3-16}$$

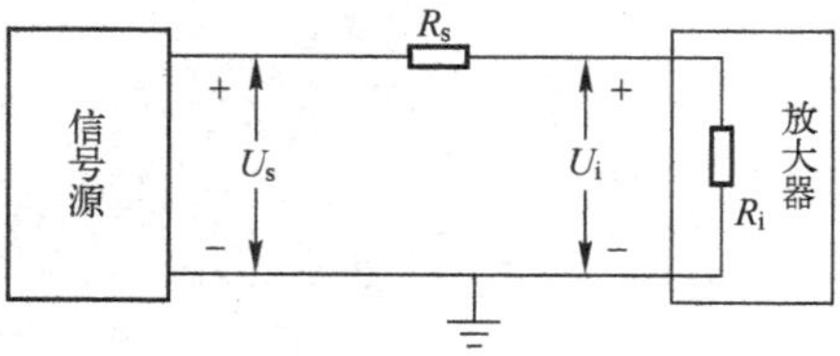

图 3-3 输入电阻的测试电路

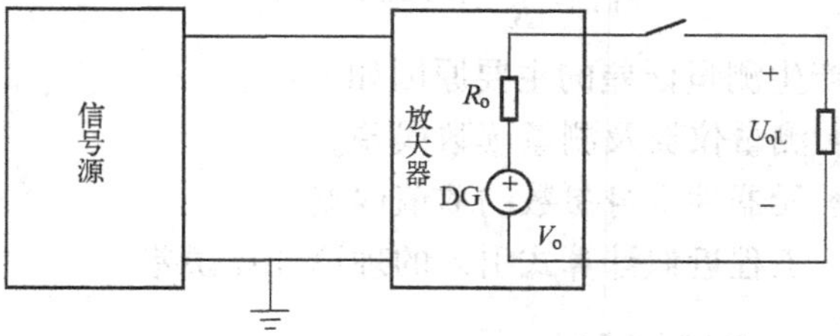

图 3-4 输出电阻测试电路

（5）测量通频带

放大器的幅频特性可通过测量不同频率时的电压放大倍数 A_V 来获得。通常采用“逐点法”

测量放大器的幅频特性曲线。测量时，每改变一次信号源的频率（注意维持输入信号 U_s 的幅值不变且输出波形不失真），用晶体管毫伏表或示波器测量一个输出电压值，并计算增益，然后将测试数据 f_i、$A_v(20\lg A_V)$ 表，整理并标于坐标纸上，再将其连接成曲线，如图 3-5所示。

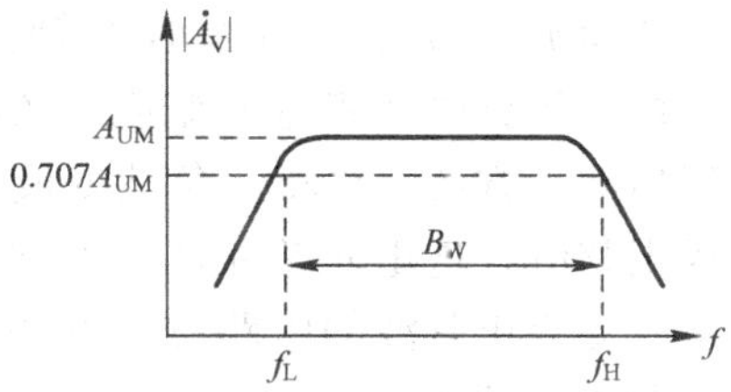

图 3-5　放大器的频率特性

如果只要求测量放大器的通频带 B_W，首先测出放大器中频区（如 $f_0=1\,kHz$）输出电压 U_o然后升高频率直到输出电压降到 $0.707V_o$ 为止（维持 U_s 不变），此时所对应的信号源的频率就是上限频率 f_H。同理，维持 U_s 不变降低频率直到输出电压降到 $0.707\ U_o$ 为止，此时所对应的频率为下限频率 f_L，放大器的通频带 $B_W=f_H-f_L$。

（6）测量结果验算与误差分析

具体步骤如下：

1）静态工作点测量。

2）性能指标测量。

3）电路参数讨论及误差分析。

3.1.6　实验要求

（1）认真阅读本课题介绍的设计方法与测试技术，写出设计预习报告。

（2）根据已知条件及性能指标要求，确定电路（要求分别采用无负反馈与负反馈两种放大器电路）以及器件（晶体管选硅管），设置静态工作点，计算电路元件参数。（以上两步要求在实验前完成。）

（3）在实验线路板上安装电路。调整并测量静态工作点，使其满足设计计算值的要求。

（4）测试性能指标，调整与修改元件参数值，使其满足放大器性能指标的要求，将修改后的元件参数值标在所设计的电路图上（先安装测试无负反馈的放大器，后安装测试带负反馈的放大器）。

（5）所有试验完成之后，写出设计性试验报告。

3.1.7　总结与思考

（1）测量放大器静态工作点时，如果测得 $U_{CEQ}<0.5\,V$，说明晶体管处于什么工作状态？如果 $U_{CQ}=U_{CC}$，晶体管又处于什么工作状态？

（2）加大输入信号 U_i 时，输出波形可能会出现哪几种失真？分别是由什么原因引起的？

（3）提高电压增益 A_V 会受到哪些因素限制？采取什么措施较好？为什么？

（4）测量输入电阻 R_i 及输出电阻 R_o 时，为什么测试电阻 $R(R_L)$ 要与 $R_i(R_o)$ 相接近？

（5）调整静态工作点时，R_{b1} 要用一固定电阻与电位器相串联，而不能直接用电位器，为什么？

3.2　函数发生器的设计

3.2.1　函数发生器电路

函数发生器能自动产生正弦波、三角波、方波及锯齿波、阶梯波等电压波形。产生正弦

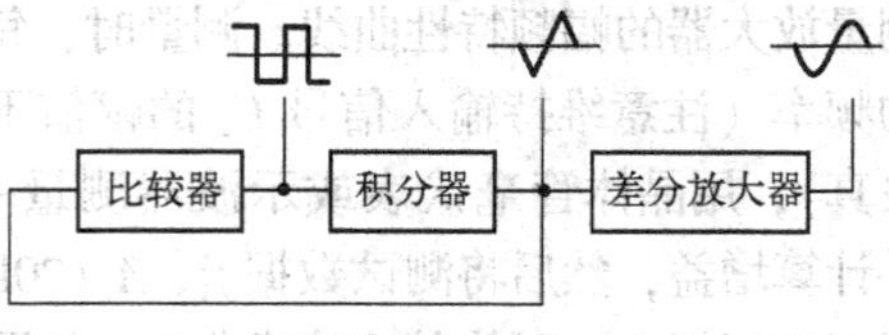

图 3-6 函数发生器功能框图

波、三角波、方波的方案有多种，如先产生正弦波，再由积分电路将方波变成三角波；也可以先产生三角波—方波，再将三角波变成正弦波或将方波变成正弦波。这里介绍先产生方波—三角波，再将三角波变成正弦波的电路设计方法。其电路组成框图如图 3-6 所示。

（1）方波—三角波产生电路

图 3-7 所示的电路能自动产生方波—三角波，图中点画线右边是积分器（A_2），点画线左边是同相输入的迟滞电压比较器（A_1），其中 C_1 为加速电容，可加速比较器的翻转。电路的工作原理分析如下。

若 a 点断开，比较器 A_1 的反相端接基准电压，即 $U_-=0$，同相端接电压 u_{ia}；比较器输出 u_{o1} 的高电平 U_{OH} 接近于正电源电压 $+U_{CC}$，低电平 U_{OL} 接近于负电源电压 $-U_{EE}$（通常 $|+U_{CC}|=|-U_{EE}|$）。根据叠加原理，得到

$$U_+=\frac{R_2}{R_2+R_3+RP_1}U_{o1}+\frac{R_3+RP_1}{R_2+R_3+RP_1}U_{ia}$$

式中，RP_1 指电位器的调整值（以下同）。

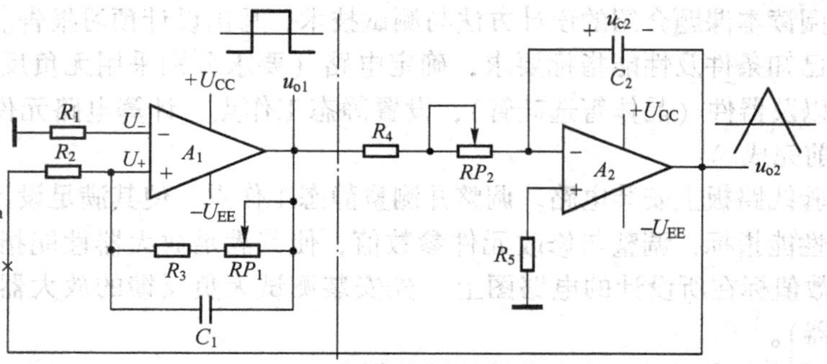

图 3-7 方波—三角波产生电路

通常将比较器的输出电压 u_{o1} 从一个电平跳到另一个电平时相应输入电压的大小称为门限电压。将比较器翻转时对应的条件 $U_+=U_-=0$ 带入式（3-17），即

$$U_{ia}=\frac{-R_2}{R_3+RP_1}U_{o1} \tag{3-17}$$

设 $U_{o1}=U_{OH}=+U_{CC}$，带入式（3-17）得到一个较小值，即比较器翻转的下门限电平

$$U_{T-}=U_{ia-}=\frac{-R_2}{R_3+RP_1}U_{OH}=\frac{-R_2}{R_3+RP_1}U_{CC} \tag{3-18}$$

设 $U_{T-}=U_{OL}=-U_{EE}=-U_{CC}$，带入式（3-17）得到一个较大值，即比较器翻转的上门限电平

$$U_{T+}=U_{ia+}=\frac{-R_2}{R_3+RP_1}U_{OL}=\frac{R_2}{R_3+RP_1}U_{CC} \tag{3-19}$$

比较器的门限宽度为 $$\Delta U_T=U_{T+}-U_{T-}=2\times\frac{R_2}{R_3+RP_1}U_{CC} \tag{3-20}$$

比较器的电压传输特性如图3-8所示。

a点断开后，运放A_2与R_4、RP_2、C_2、及R_5组成反相积分器，积分器的输入信号为方波V_{o1}，其输出电压等于电容两端的电压，即

$$u_{o2}=-u_{C2}=-\frac{1}{C_2}\int\frac{u_{o1}}{(R_4+RP_2)}\mathrm{d}t=-\frac{1}{C_2}\int_{t_2}^{t_1}\frac{u_{o1}}{(R_4+RP_2)}\mathrm{d}t-u_{C2}(t_0)$$
$$=-\frac{u_{o1}}{(R_4+RP_2)C_2}(t_1-t_0)+u_{o2}(t_0) \tag{3-21}$$

式中，u_{C2}是t_0时刻电容两端的初始电压值；$u_{o2}(t_0)$是t_0时刻电路的输出电压。

当$u_{o1}=+U_{CC}$时，则

$$u_{o2}=-\frac{U_{CC}}{(R_4+RP_2)C_2}(t_1-t_0)+u_{o2}(t_0) \tag{3-22}$$

当$v_{o1}=-U_{CC}$时，则

$$v_{o2}=-\frac{U_{CC}}{(R_4+RP_2)C_2}(t_1-t_0)+u_{o2}(t_0) \tag{3-23}$$

可见，当积分器的输入为方波时，输出是一个下降速率与上升速率相等的三角形，其波形关系如图3-9所示。

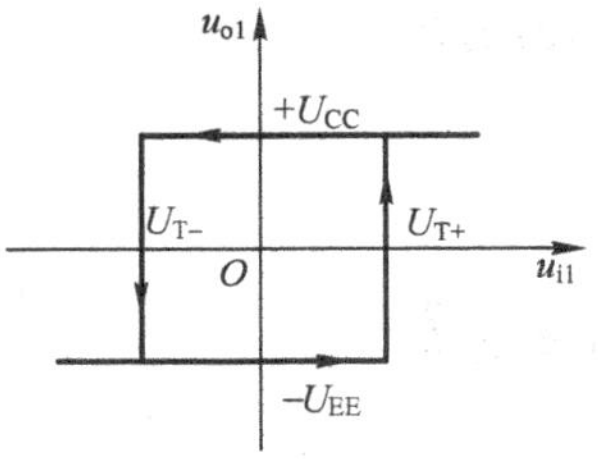

图3-8 比较器电压传输特性

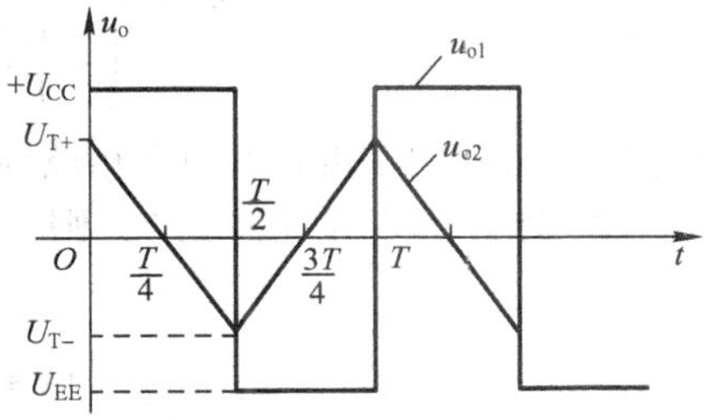

图3-9 方波—三角波

a点闭合，即比较器与积分器首尾相连，形成闭环电路，只要积分器的输出电压u_{o2}达到比较器的门限电平，使得比较器的输出状态发生改变，则该电路就能自动产生方波—三角波。

由图3-9所示的波形可知，输出三角形的峰-峰值就是比较器的门限宽度，即

$$U_{o2pp}=\Delta U_T=\frac{2R_2}{R_3+RP_1}U_{CC} \tag{3-24}$$

积分电路的输出电路u_{o2}从U_T上升到U_{T+}所需的时间是振荡周期的一半，即$T/2$时间内u_{o2}的变化量等于u_{o2pp}。根据式（3-23）得到电路的振荡周期为

$$T=\frac{4R_2(R_4+RP_2)C_2}{R_3+RP_1} \tag{3-25}$$

方波—三角波的频率为

$$f=\frac{1}{4(R_4+RP_2)C_2}\frac{R_3+RP_1}{R_2} \tag{3-26}$$

由式（3-24）及式（3-26）可以得出以下结论：

1）方波的输出幅度约等于电源电压$+U_{CC}$，三角波的输出幅度与电阻R_2与（R_3+R_{p1}）的比值较大有关，且小于电源电压$+U_{CC}$。电位器RP1可实现三角波幅度微调，但会影响方波—三角波的频率。

2）电位器 RP_2 在调整输出信号的频率时，不会影响三角波输出电压的幅度。因此应先调整电位器 R_{p1}，使输出三角波的电压幅度达到所要求的值，然后再调整电位器 R_{P2}，使输出频率满足要求。若要求输出频率范围较宽，可取不同的 C_2 来改变频率的范围，用 R_{p2} 实现频率微调。

（2）三角波—正弦波变换电路

三角波－正弦波的转换虽可以通过分段线形拟合等方法来实现，但这里将介绍一种更简单实用的电路形式来实现。即选用具有严格匹配差分对管的差分放大器作为三角波—正弦波的变换电路。波形变换的原理是：利用差分对管的饱和与截止特性进行变换。分析表明，差分放大器的传输特性曲线 i_{C1}（或 i_{C2}）的表达式为

$$i_{C1}=\alpha i_{E1}=\frac{\alpha I_o}{1+e^{-u_{id}/U_T}} \tag{3-27}$$

式中，$\alpha=\dfrac{I_C}{I_E}\approx 1$；$I_o$ 为差分放大器的恒定电流；U_T 为温度的电压当量，当室温为25℃时，$U_T\approx 26\ \text{mV}$。

如果 u_{id} 为三角波，设表达式

$$u_{id}=\begin{cases}\dfrac{4U_m}{T}\left(t-\dfrac{T}{4}\right) & 0\leqslant t\leqslant\dfrac{T}{2}\\[2ex] \dfrac{-4U_m}{T}\left(t-\dfrac{3T}{4}\right) & \dfrac{T}{2}\leqslant t\leqslant T\end{cases} \tag{3-28}$$

式中，U_m 为三角波的幅度；T 为三角波周期。

将式（3-28）代入式（3-27），则

$$i_{C1}(t)=\begin{cases}\dfrac{\alpha I_o}{1+e^{\frac{-4U_m}{U_T T}\left(t-\frac{T}{4}\right)}} & 0\leqslant t\leqslant\dfrac{T}{2}\\[3ex] \dfrac{\alpha I_o}{1+e^{\frac{4U_m}{U_T T}\left(t-\frac{3T}{4}\right)}} & \dfrac{T}{2}\leqslant t\leqslant T\end{cases} \tag{3-29}$$

用计算机对式（3-29）进行计算，打印输出的 $i_{C1}(t)$ 或 $i_{C2}(t)$ 曲线近似于正弦波，则差分放大器的输出电压 $u_{C1}(t)$、$u_{C2}(t)$ 也近似于正弦波，波形变换过程如图 3-10 所示。

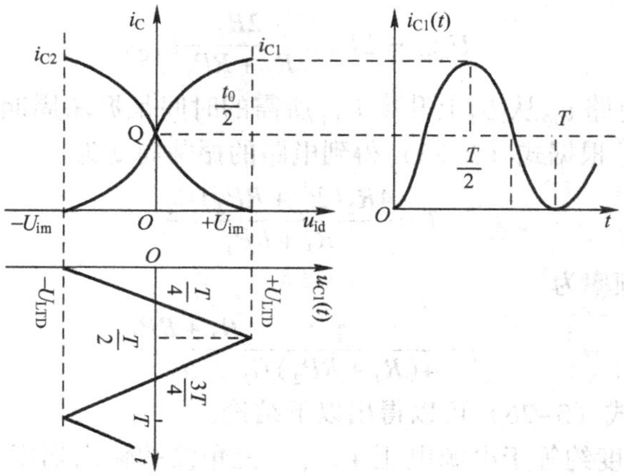

图 3-10　三角波－正弦波变换

为使输出波形更近似于正弦波，要求：①传输特性曲线尽可能对称，线性区尽可能窄；②三角波的幅值 U_m 应接近晶体管的截止电压值。

图 3-11 为三角波—正弦波的变换电路。其中，Rp_1 调节三角波的幅度，Rp_2 调整电路的对称性，并联电阻 R_{E2} 用来减小差分放大器的线性区。C_1、C_2、C_3 为隔直电容，C_4 为滤波电容，以滤除谐波分量，改善输出波形。

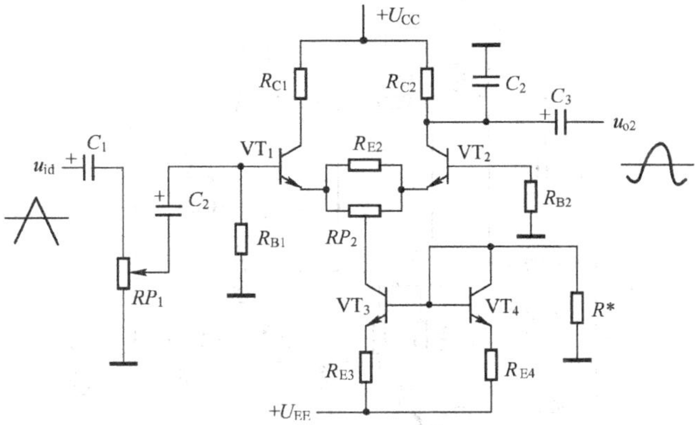

图 3-11 三角波—正弦波变换电路

3.2.2 函数发生器电路设计过程

在设计函数发生器电路时，设计题目一般都会给出包括输出波形种类、波形幅度、波形频率、波形失真度等在内的性能指标要求。

在这种情况下，函数发生器电路的设计步骤如下：

1）确定电路形式，在没有特殊要求的情况下，完全可以运用图 3-7 结合图 3-11 所构成的电路形式来设计。

2）依据方波幅度要求，确定实现方案中电压比较器的最大输出电压值。

3）依据三角波幅度要求，结合公式 $U_{O2pp}=\Delta U_T=\dfrac{2R_2}{R_3+RP_1}U_{CC}$，确定 R_2、R_3、RP_1 相互之间的约束关系。

4）依据波形频率指标要求，结合公式 $f=\dfrac{1}{4(R_4+RP_2)C_2}\dfrac{R_3+RP_1}{R_2}$，确定相关电阻、电容元件参数之间的约束关系。

5）根据正弦波幅度指标的要求，确定三角波—正弦波变换电路的合适的静态工作电流 I_o。

3.2.3 函数发生器电路设计举例

设计举例：设计一方波—三角波—正弦波函数发生器。性能指标要求如下：

频率范围：1 ~ 10 Hz，10 ~ 100 Hz；输出电压：方波 $U_{pp}\leqslant 24$ V，三角波 $U_{pp}=8$ V，正弦波 $U_{pp}>1$ V。

设计过程：

（1）确定电路形式及元器件型号

采用图 3-12 所示电路，其中运算放大器 A_1 与 A_2 用一只双运放 μA747，差分放大器采用本章前面设计完成的晶体管输入—单端输出差分放大器电路。因为方波的幅度接近电源电

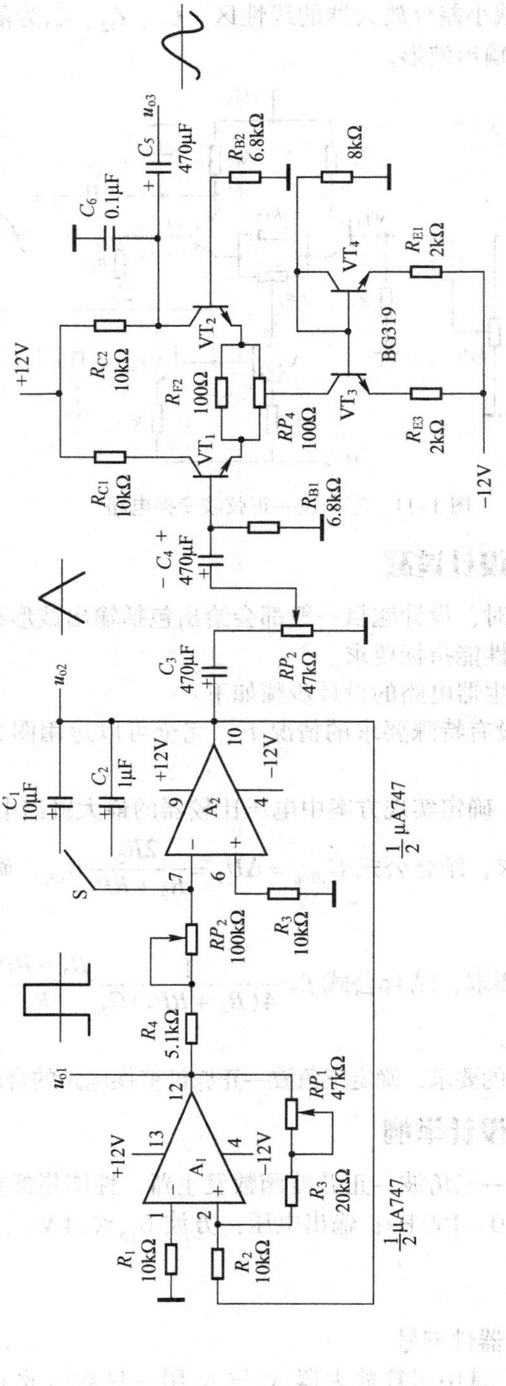

图3-12 方波—三角波—正弦波函数发生器实验电路

压，所以取电源电压 $+U_{CC}=12\text{ V}$，$-U_{EE}=-12\text{ V}$。

（2）计算元件参数

比较器 A_1 与积分器 A_2 的元件参数计算如下：

由式（3-24）得

$$\frac{2R_2}{R_3+RP_1}=\frac{U_{O2m}}{U_{CC}}=\frac{4}{12}=\frac{1}{3}$$

取 $R_2=10\text{ k}\Omega$，$R_3=20\text{ k}\Omega$，$RP_1=47\text{ k}\Omega$。平衡电阻 $R_1=R_2/\!/(R_3+RP_1)\approx10\text{ k}\Omega$。

由输出频率的表达式（3-26）得

$$R_4+RP_2=\frac{R_3+RP_1}{4R_2C_2f}$$

当 $1\text{ Hz}\leqslant f\leqslant10\text{ Hz}$ 时，取 $C_2=10\ \mu\text{F}$，$R_4=5.1\text{ k}\Omega$，$RP_2=100\text{ k}\Omega$。当 $10\text{ Hz}\leqslant f\leqslant100\text{ Hz}$ 时，取 $C_2=1\ \mu\text{F}$ 以实现频率波段的转换，R_4 即 RP_2 的取值不变。取平衡电阻 $R_5=10\text{ k}\Omega$。

三角波—正弦波电路的参数选择原则是：隔直电容 C_3、C_4、C_5 要取得较大，因为输出频率很低，取 $C_3=C_4=C_5=470\ \mu\text{F}$；滤波电容 C_6 的取值视输出的波形而定，若含高次谐波成分较多，则 C_6 一般为几十皮法至 1.0 μF。$R_{E2}=100\ \Omega$ 与 $RP_4=100\ \Omega$ 相并联，以减小差分放大器的线性区。差分放大器的静态工作点可通过观测传输特性曲线、调整 RP_4 及电阻 R^* 来确定。

3.2.4 设计任务

设计课题：方波—三角波—正弦波函数发生器的设计。

已知条件：双运放 NE5532 1 只（或 μA741 2 只）。

性能指标要求：频率范围：1～10 Hz，10～100 Hz；输出电压：方波 $V_{pp}\leqslant24\text{ V}$，三角波 $V_{pp}=6\text{ V}$，正弦波 $V_{pp}>1\text{ V}$。

3.2.5 电路的安装与性能指标测试

在装调多级电路时，通常按照单元电路的先后顺序顺利分级装调与级联。图 3-12 所示电路的装调顺序如下。

（1）方波—三角波发生器的装调

由于比较器 A_1 与积分器 A_2 组成正反馈闭环电路，同时输出方波与三角波，故这两个单元电路可以同时安装。需要注意的是，在安装电位器 RP_1 与 RP_2 之前，要先将其调整到设计值，否则电路可能会不起振。如果电路接线正确，则在接通电源后，A_1 的输出 u_{o1} 为方波，A_2 的输出 u_{o2} 为三角波，微调 RP_1，使三角波的输出幅度满足设计指标要求，调节 RP_2，则输出频率连续可变。

（2）三角波—正弦波变换电路的装调

三角波—正弦波变换电路可利用本章前面完成的差分放大器来实现。电路的调试步骤如下：

1）差分放大器传输特性曲线调试。将 C_4 与 RP_3 的连线断开，经电容 C_4 输入差模信号电压 $U_{id}=50\text{ mV}$，$f_i=100\text{ Hz}$ 的正弦波。调节 RP_4 即电阻 R^*，使传输特性曲线对称。再逐渐增大 U_{id}，直到传输特性曲线形状如图 3-10 所示，记下此时对应的峰值 U_{idm}。移去信号源，再

将 C_4 左端接地，测量差分放大器的静态工作点 I_0、U_{C1Q}、U_{C2Q}、U_{C3Q}、U_{C4Q}。

2）三角波—正弦波变换电路调试。将 RP_3 与 C_4 连接，调节 RP_3 使三角波的输出幅度（经 RP_3 后输出）等于 U_{idm} 值，这时 u_{o3} 的波形应接近正弦波，调整 C_6 改善波形。如果 v_{o3} 的波形出现图 3-13 所示的几种正弦波失真，则应调整和修改电路参数。产生失真的原因及采取的相应处理措施如下：

① 钟形失真，如图 3-13a 所示，参数特性曲线的线性区太宽，应减小 R_{E2}。

② 半圆波峰或平顶失真，如图 3-13b 所示，传输特性曲线对称性差，工作点 Q 偏上或偏下，应调整电阻 R^*。

③ 非线性失真，如图 3-13c 所示，是由三角波的线性度较差引起的失真，主要受运放性能的影响。可在输出端加滤波网络改善输出波形。

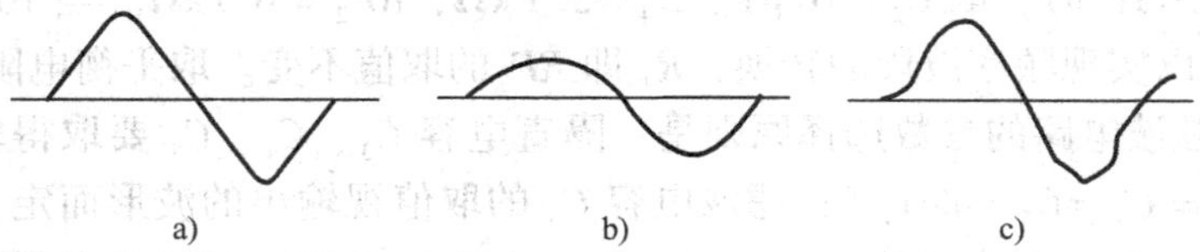

图 3-13　波形失真现象

（3）误差分析

误差分析的步骤如下：

1）方波输出电压 $U_{pp} \leqslant 2U_{CC}$，是因为运放输出级由 NPN 型或 PNP 型两种晶体管组成的复合互补对称电路，输出方波时，两管轮流截止和饱和导通，由于导通时输出电阻的影响，使方波输出幅度小于电源电压值。

2）方波的上升时间 t_r，主要受运放转换速率的限制。如果输出频率较高，则可接入加速电容 C_1（C_1 一般为几十皮法）。可用示波器（或脉冲示波器）测量 t_r。

3.2.6 实验要求

1）认真阅读本课题介绍的设计方法与测试技术，写出设计预习报告。

2）根据已知条件及性能指标要求，确定电路以及元器件，计算电路元件参数。（以上两步要求在实验前完成。）

3）在实验线路板上安装电路。测试性能指标，调整与修改元件参数值，使其满足函数发生器性能指标的要求，将修改后的元件参数值标在所设计的电路图上。

4）测试性能指标，将选取的电容值以及测量数据填入自拟的表格中，并对测量结果进行误差分析。

5）在不同的频率范围档，选取一个频率值，画出方波—三角波电压波形，并标出电压幅度和周期。

6）所有实验完成之后，写出设计性实验报告。

3.2.7 总结与思考

（1）三角波的输出幅度是否可以超过方波的幅度？如果正负电源电压不等，输出波形如何？用实验证明之。

（2）如果使方波的幅度减小为低于电源电压的某一固定电压值，则比较器的输出电路应该如何变化？画出设计的电路，并实验证明。

（3）如何将方波—三角波发生器电路改变成矩形波—锯齿波发生器？画出设计的电路，并用实验证明，绘出波形。

（4）用差分放大器实现三角波—正弦波的变换，有何优缺点？为什么？

3.3　功率放大器的设计

3.3.1　功率放大器电路

功率放大电路属于大信号放大电路，它的功能是供给负载以足够大的信号功率。因此，功率放大电路的设计必须考虑一系列问题，比如，功率放大管的安全工作、放大器的效率高、非线性失真小等，而其中如何提高功率放大电路的效率成为一个突出问题。于是，出现了各种形式的功率放大电路，如非谐振功率放大电路和谐振功率放大电路。而非谐振功率放大电路又可以根据晶体管的电流导通角划分为三种放大器类型：甲类放大器电路、乙类放大器电路和甲乙类放大器电路。当然除上述几种放大器电路之外，还有丁类等许多种放大器电路，这些电路比较特殊，不在本节讨论之列。

甲类放大器就是给放大管加入合适的静态偏置电流，用一只晶体管来同时放大信号的正、负半周。为了实现这一目的，甲类放大器功放管的静态工作电流要设得比较大，要设在放大区的中间，以便给信号正、负半周有相同的线性范围，这样当信号幅度太大时（超出放大管的线性区域），信号的正半周进入晶体管饱和区而被削顶，信号的负半周进入截止区而被削顶，此时对信号正半周与负半周的削顶量是相同的。甲类放大器的优点是信号非线性失真很小，缺点是放大电路效率很低，一般情况下难以提供大的输出功率。

乙类放大器就是不给晶体管加静态偏置电流，且用两只性能对称的晶体管来分别放大信号的正半周和负半周，正、负半周再在放大器的负载上将正、负半周信号合成一个完整的周期信号。由于这种放大器没有给功放输出管加入静态电流，它会产生交越失真，这种失真是非线性失真的一种，对声音的音质破坏严重。所以，乙类放大器电路是不能用于音频放大器电路中的。

在乙类放大器的基础上给晶体管加入很小的静态偏置电流，以使输入信号“骑”在很小的静态偏置电流上，这样晶体管刚刚好进入放大区，从而可以避开晶体管的截止区，使输出信号不失真（即克服了交越失真），这样就构成了甲乙类放大器。由于甲乙类放大器给晶体管所加的静态直流偏置电流很小，所以在没有输入信号时放大器对直流电源的消耗比较小（比起甲类放大器要小得多）；同时由于克服了交越失真，所以使输出信号的失真度也大大降低。这样它既具有乙类放大器省电的优点，同时又具有甲类放大器非线性失真小的优点。所以被广泛地应用于音频功率放大器电路中。

总体来讲，这三种功率放大器的差异主要在于偏置情况的不同，图 3-14 表示了一个理想传输特性的晶体管工作在不同偏置下的情况。这个理想晶体管不会达到饱和区，而且在放大区的输出相对输入线性很好。$U_{BE(on)}$ 表示晶体管的发射结导通电压。

甲乙类放大器常见的输出电路结构有无输出变压器（OTL）电路和无输出电容（OCL）

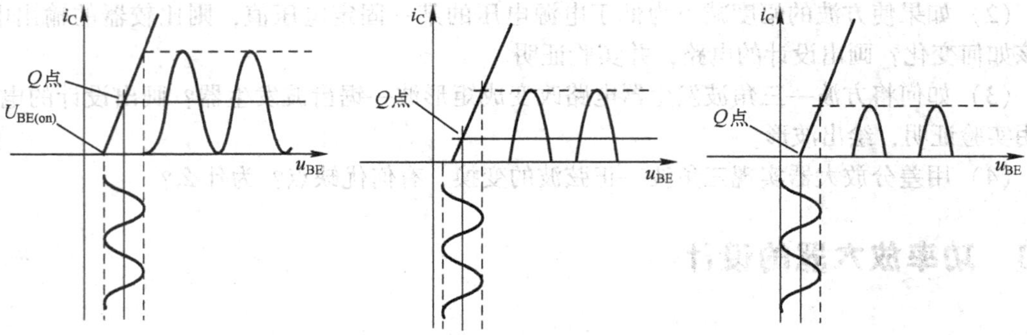

图 3-14　不同类型的功率放大器

电路。本节以 OCL 电路来介绍功率放大器的设计方法。

图 3-15 是一种常见的带集成运放的 OCL 功率放大电路。其中，运放为驱动级，晶体管 VT1 ~ VT4 组成复合式晶体管互补对称电路。

(1) 电路工作原理

晶体管 VT_1、VT_2为相同类型的 NPN 管，所组成的复合管仍为 NPN 型。VT_3、VT_4为不同类型的晶体管，所组成的复合管的导电极性由第一只管决定，即为 PNP 型。R_4、R_5、R_6及二极管 VD_1、VD_2所组成的支路是两对复合管的基极偏置电路，静态时支路电流 I_D可由下式计算：

$$I_D=\frac{2U_{CC}-2U_D}{R_4+R_5+R_6}$$

式中，U_D为二极管的正向电压降。

为减小静态功耗和克服交越失真，静态时 VT_1、VT_3应工作在微导通状态，即满足关系：

$$U_{R5}+U_{D1}+U_{D2}=U_{BE1}+U_{BE3}$$

称此状态为甲乙类状态。二极管 VD_1、VD_2与晶体管 VT_1、VT_3应为相同类型的半导体材料，如 VD_1、VD_2为硅二极管 IN4007，则 VT_1、VT_3也应为硅晶体管。R_5用于调整复合管的微导通状态，一般为几十到几百欧姆（也可采用精密可调电位器）。安装电路时 R_5的取值刚开始应尽可能地小，在调整输出级静态工作电流或输出波形的交越失真时再逐渐增大阻值。否则会因 R_5的阻值较大而使复合管损坏。

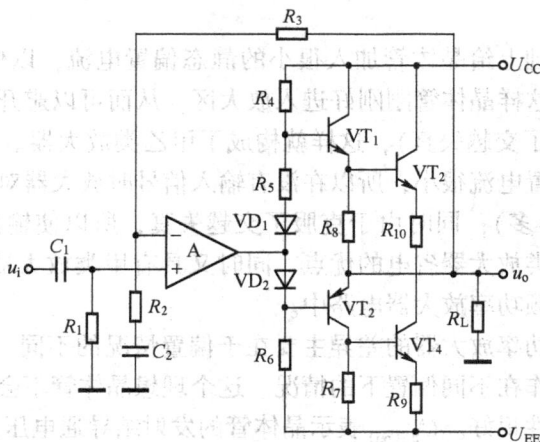

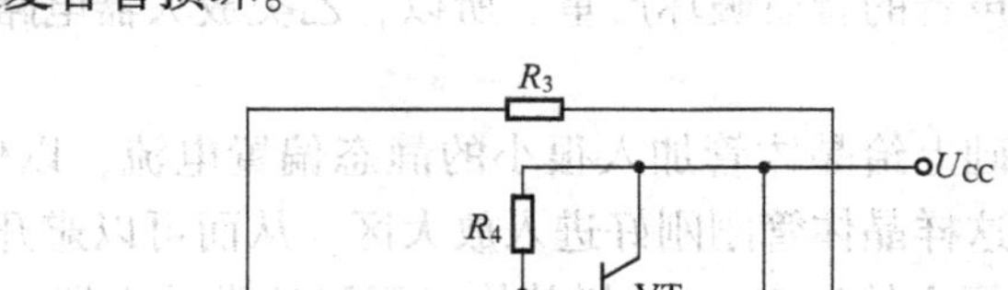

图 3-15　使用集成运放的 OCL 功率放大器

R_7、R_8用于减小复合管的穿透电流，提高电路的稳定性，一般为几十欧姆至几百欧姆。R_9、R_{10}为反馈电阻，可以改善功率放大器的性能，一般为几欧姆。有时 VT_2或 VT_4的集电极会连接一个电阻（常称为平衡电阻），使 VT_1、VT_3的输出对称，一般为几十欧姆至几百欧姆。在实际的功放电路的输出端，也常并联一个 RC 串联支路（常称为消振网络），可改善负载为扬声器时的高频特性。因扬声器呈感性，易引起高频自激，此容性网络并入可使等效负载呈阻性。此外，感性负载易产生瞬时过电压，有可能损坏晶体管 VT_2、VT_4。消振网络中电阻、电容的取值视扬声器的频率响应而定，以效果最佳为好。一般 R 为几十欧姆，C 为几千皮法至 0.1 μF。

功放在交流信号输入时的工作过程如下：当音频信号 u_i 为正半周时，运放的输出电压上升，结果 VT_3、VT_4截止，VT_1、VT_2导通，负载 R_L中只有正向电流 i_L，且随 u_i 增加而增加。反之，当 u_i为负半周时，负载 R_L中只有负向电流 i_L且随 u_i的负向增加而增加。只有当 u_i 变化一周时负载 R_L才可获得一个完整的交流信号。

（2）静态工作点设置

假设电路参数完全对称。静态时功放的输出端 u_o 点对地的电位应为零，即 $U_o=0$，常称 u_o 点为“交流零点”。电阻 R_1接地，一方面决定了同相放大器的输入电阻，另一方面保证了静态时同相端电位为零，即 $U_+=0$。由于运放的反相端经 R_3接交流零点，所以 $U_-=0$。故静态时运放的输出为 0。调节 R_3的阻值可改变功放的负反馈深度。电路的静态工作点主要由 I_D 决定，I_D 过小会使晶体管 VT_2、VT_4工作在乙类状态，输出信号会出现交越失真；I_D 过大会增加静态功耗使功放的效率降低。综合考虑，对于数瓦的功放，一般取 $I_D=1\sim3$ mA，以使 VT_2、VT_4工作在甲乙类状态。

3.3.2　功率放大器电路设计过程

在设计功率放大器电路时，设计题目都会给出包括电源电压、负载电阻 R_L、最大输出功率 P_{om}、电路增益 A_v、通频带上限截止频率 f_H 和下限截止频率 f_L、电路形式等在内的已知条件。

在这种情况下，功率放大器电路的设计步骤如下。

（1）确定集成运放、偏置二极管和功率管的型号

在电路形式确定的情况下，要根据电路设计相关指标确定合适的集成运放、偏置二极管以及功率管的型号，譬如最大输出功率 P_{om}直接影响功率管型号的选取，通常要求功率管的三个极限参数 U_{CEO}、I_{CM}、P_{CM}的值要保证功率放大器在输出符合要求的功率的情况下处于安全的工作条件下。偏置二极管型号的选取主要是使其材料尽可能和已经选好的晶体管的材料一致。而集成运放型号的选取则主要是考虑满足前置推动级的需求。

（2）确定 U_{omax}

由 $P_{om}=\left(\dfrac{U_{omax}}{\sqrt{2}}\right)^2\dfrac{1}{R_L}=\dfrac{U_{omax}^2}{2R_L}$　得 $U_{omax}=\sqrt{2R_LP_{om}}$。

代入设计指标 P_{om}的值可以得到 U_{omax}。

（3）确定 i_{E2}

根据最大输出电压，可以得到 i_{E2}，从而对功率晶体管的选取进行进一步的验证。

（4）设置静态工作点及各电阻阻值

在设定 I_D 值的情况下，根据一般前提条件 $i_{B1}\ll I_D$，同时合理设定 i_{B1}的值，再依据下面

的关系式

$$i_{E1}=i_{B1}(1+\beta)$$

$$i_{B2}=\frac{i_{E2}}{1+\beta}$$

$$i_{R8}=i_{E1}-i_{B2}$$

计算 i_{B2} 和 i_{R8}，检验 i_{R8} 对 i_{E1} 的分流情况。

同样根据一般前提条件 $i_{B1}\ll I_D$，再依据下面的公式

$$U_{CC}-U_{EE}=I_D(R_4+R_5+R_6)+2U_D \text{ 和 } I_D\times R_5+2U_D\approx 3U_{BE}$$

可以分别确定电阻 R_5、R_4、R_6 的阻值。

最后，依据公式 $A_{vf}=1+\dfrac{R_3}{R_2}=20$ 及其他的一些考虑，可依次确定 R_2、R_3、R_1、R_9、R_{10}、R_7、R_8 的值。

（5）确定各电容的值

考虑 $C_1\geqslant\dfrac{1}{2\pi f_{L1}R_1}$、$C_2\geqslant\dfrac{1}{2\pi f_{L1}R_2}$，确定电容 C_1、C_2 的值。

3.3.3 功率放大器电路设计举例

设计题目：音频功率放大器的设计。

已知条件：$R_L=8\ \Omega$，$U_{CC}=+12\ \text{V}$，$U_{EE}=-12\ \text{V}$。

性能指标要求：$P_{om}\geqslant 2\ \text{W}$，$A_{vf}=20$，$f_L\leqslant 20\ \text{Hz}$，$f_H\geqslant 20\ \text{kHz}$。

设计过程：

（1）确定集成运放、二极管和功率管的型号

因为电路方案中集成运放为前级驱动电路，故选通用运放 μA741 即可，而功率管的选择应该充分考虑其所承受的最大管电压降、集电极最大电流和集电极最大功耗。在本题目中，功放管具体应该满足以下几个条件，并尽可能留有一定的余量：

$$U_{CEO}>2U_{CC}=2\times 12\ \text{V}=24\ \text{V}$$

$$I_{CM}>\frac{U_{CC}}{R_L}=\frac{12}{8}=1.5\ \text{A}$$

$$P_{CM}>\frac{U_{CC}^2}{\pi^2 R_L}=\frac{12^2}{\pi^2\times 8}=1.83\ \text{W}$$

以上的计算是假设为单管输出的情况，对选用的功率管的极限参数要求比较高（可以选择 2SC2073 和 2SA940 相互配合使用），实际电路中经常采用复合管输出的情况，所以对各个功率管的要求明显低一些，例如可以选取 2SC2236 分别和 2N2222、2N2907 构成复合管的方式来输出（选用国产晶体管的配对方案是：3DD01 分别和 3DG100、3CG21 配对）。

由于所选晶体管 2N2222、2N2907 都是用硅型半导体材料制作，所以对于二极管我们也尽量选用同样材料的二极管型号，这里选用 IN4007。

（2）确定 U_{omax}

由 $P_{om}=\left(\dfrac{U_{omax}}{\sqrt{2}}\right)^2\dfrac{1}{R_L}=\dfrac{U_{omax}^2}{2R_L}$ 得 $U_{omax}=\sqrt{2R_LP_{om}}$

根据题目要求带入数值得 $U_{omax} = \sqrt{2R_L P_{om}} = \sqrt{2\times8\times2}\,V \approx 5.7\,V$（由于这里 P_{omax} 取了题目要求的最小值，所以 U_{omax} 也是一个相应的最小值）。

（3）确定 i_{E2}

输出电压最大时，VT_2 的射极电流约等于负载电流，即 $i_{E2} = i_L = \frac{U_{omax}}{R_L} = \frac{5.7}{8}A = 0.71\,A$。

注意应用此处的电流值和既定功率管的参数进行一下验证，如果不合适还要调整功率管的选型。

（4）确定静态工作电流 I_D 及各电阻阻值

设定 I_D 为 2.5 mA，由于一般情况下，$i_{B1} \ll I_D$，所以这里考虑取 $i_{B1} = 0.008\,mA$ 这样 R_8 上电流 $i_{R8} = 1.5\,mA$，从而 $i_{E1} = i_{B1}(1+\beta) = 0.008(1+400)\,mA = 3.2\,mA$。

考虑到 $i_{B2} = \frac{i_{E2}}{1+\beta} = \frac{0.71}{400} = 1.8\times10^{-3}A = 1.8\,mA$，此时 $i_{R8} = i_{E1} - i_{B2} = 3.2 - 1.8 = 1.4\,mA$，相比 i_{B2} 的值，i_{R8} 对 i_{E1} 的分流是合适的。

同样由于 $i_{B1} \ll I_D$，可以认为 $U_{CC} - U_{EE} = I_D(R_4 + R_5 + R_6) + 2U_D$

于是 $R_4 + R_5 + R_6 = \frac{U_{CC} - U_{EE} - 2U_D}{I_D} = \frac{12-(-12)-2\times0.7}{2.5} = 9\,k\Omega$

注意到 $I_D \times R_5 + 2U_D \approx 3U_{BE}$，因而有

$$R_5 = \frac{3U_{BE} - 2U_D}{I_D} = \frac{0.7}{2.5}k\Omega = 0.28\,k\Omega$$

$$R_4 + R_6 = 9\,k\Omega - 0.28\,k\Omega = 8.72\,k\Omega$$

取 $R_4 = R_6 = 4.5\,k\Omega$，并选取 R_5 为可调电阻，调节输出级的静态值，以消除交越失真。

考虑到 $A_{vf} = 1 + \frac{R_3}{R_2} = 20$，这里可以取 $R_2 = 1\,k\Omega$，$R_3 = 20\,k\Omega$。同时考虑静态时同相端与反相端的平衡，取 $R_1 = R_3 = 20\,k\Omega$。

而 R_9 和 R_{10} 为输出级提供反馈，其值应远远小于 R_L，取 $R_9 = R_{10} = 0.1\,\Omega$。

针对 R_7 和 R_8 可由下式来计算：

$$R_7 = R_8 = \frac{U_{BE} + R_{10}i_{E2}}{i_{R8}} = \frac{0.7 + 0.1\times0.71}{1.5}k\Omega = 0.514\,k\Omega$$

此处取 $R_7 = R_8 = 510\,\Omega$

（5）确定各电容的值

对于多级滤波电路，我们知道其下限频率 $f_L \approx 1.1\sqrt{f_{L1}^2 + f_{L2}^2}$

若 $f_{L1} = f_{L2}$，则 $f_L = 1.1\times\sqrt{2}f_{L1}$。已知 $f_{L1} = f_{L2} \approx 12.9\,Hz$ 于是

$$C_1 \geqslant \frac{1}{2\pi f_{L1}R_1} = \frac{1}{2\times3.14\times12.9\times20\times10^3} = 0.62\,\mu F \quad （取 C_1 = 1\,\mu F）$$

$$C_2 \geqslant \frac{1}{2\pi f_{L1}R_2} = \frac{1}{2\times3.14\times12.9\times1\times10^3} = 12.4\,\mu F \quad （取 C_2 = 20\,\mu F）$$

3.3.4 设计任务

设计题目：音频功率放大器的设计。

已知条件：$R_L=4\,\Omega$，$U_{CC}=+5\,V$，$U_{EE}=-5\,V$。

性能指标要求：$P_{om}\geqslant 1\,W$，$A_{vf}=20$，$f_L\leqslant 20\,Hz$，$f_H\geqslant 20\,kHz$。

3.3.5 电路的安装与性能指标测试

在电路板上搭接或焊接制作自己设计的电路，组装时应尽量按照电路的形式与顺序布线。连接元器件时应特别注意运放、电解电容等有极性元件的极性。通电前，先用万用表检测连接导线是否接触良好，并确保电阻 R_5 为最小阻值。然后接通预先调整好的直流电源。实验电路经检查无误后可以上电初测。

（1）测量静态工作点，使输入信号 $U_i=0$，用万用表电压档测得电阻 R_5 两端的电压 U_{R5}，则 $I_D=\dfrac{U_{R5}}{R_5}$。

（2）参照6.1节的性能指标测试方法分别测量 A_{vf}、f_L、f_H 的值。

（3）用函数信号发生器给功放电路的输入端提供一频率为1 kHz正弦波实验信号，在连续改变输入端信号大小的同时，用示波器观察功放电路输出端的波形的变化，当输出波形处于临界失真状态时，记下最大不失真输出电压 U_{omax} 的值，从而 $P_{om}=U_{omax}^2/R_L$。

3.3.6 实验要求

（1）认真阅读本课题介绍的设计方法与测试技术，写出设计预习报告。

（2）根据已知条件及性能指标要求，确定电路以及元器件，计算电路元件参数。（以上两步要求在实验前完成。）

（3）在实验线路板上安装电路。测试性能指标，调整与修改元件参数值。使其满足功率放大器性能指标的要求，将修改后的元件参数值标在所设计的电路图上。

（4）所有实验完成之后，写出设计性实验报告。

3.3.7 总结与思考

（1）你在安装调试电路时，是否出现过自激振荡现象？是什么自激？如何解决？

（2）为了使输出获得较好的动态范围，可以采取的改善措施有哪些？

（3）你所知道的提高功率放大器效率的措施有哪些？

第4章 电路仿真实验技术

4.1 Multisim 电路仿真软件

随着电子技术和计算机技术的发展，电子产品已与计算机紧密相连。电子设计自动化（EDA）技术，使得电子线路的设计人员能在计算机上完成电路的功能设计、逻辑设计、性能分析、时序测试以及印制电路板的自动设计。EDA 是在计算机辅助设计（CAD）技术的基础上发展起来的计算机设计软件系统。电路仿真是 EDA 的重要组成部分，它是将设计好的电路图通过仿真软件进行实时模拟，模拟出实际功能，然后通过对其分析改进，从而实现电路的优化设计。

4.1.1 简介

NI Multisim 是一款著名的电子设计自动化软件，与 NI Ultiboard 一样是美国国家仪器公司电路设计软件套件的重要组成部分。是入选美国加州大学伯克利分校 SPICE 项目中为数不多的几款软件之一。Multisim 在学术界以及产业界被广泛地应用于电路教学、电路图设计以及 SPICE 模拟。Multisim 是以 Windows 为基础的仿真工具，适用于板级的模拟/数字电路板的设计工作。它包含了电路原理图的图形输入、电路硬件描述语言输入方式，具有丰富的仿真分析能力。可以使用 Multisim 交互式搭建电路原理图，并对电路进行仿真。Multisim 提炼了 SPICE 仿真的复杂内容，用户无需懂得深入的 SPICE 技术就可以很快地进行捕获、仿真和分析新的设计，这也使其更适合电子学教育。通过 Multisim 和虚拟仪器技术，PCB 设计工程师和电子学教育工作者可以完成从理论到原理图捕获与仿真再到原型设计和测试这样一个完整的综合设计流程。

4.1.2 元件库

Multisim 软件库元件丰富，自带元件库中的元件数量更多，基本可以满足工科院校电子技术课程的要求。NI Multisim 12 的元件库不但含有大量的虚拟分离元件、集成电路，还含有大量的实物元件模型，包括一些著名制造商，如 Analog Device、Linear Technologies、Microchip、National Semiconductor 以及 Texas Instruments 等。用户可以编辑这些元件参数，并利用模型生成器及代码模式创建自己的元件。

Multisim 的元件库把元件分成 13 个类别，这些类别的元件分别以特定的图标符号显示在元件工具条上，Multisim 软件的元件工具条如图 4-1 所示。

每个类别中又有许多种具体的元器件。以信号源类为例，单击【放置信号源】按钮，弹出对话框中的“系列”栏如图 4-2 所示。选中“电源（POWER_ SOURCES）”，其“元件”栏下内容如图 4-3 所示。其他类别的库也有类似的层次组织结构。

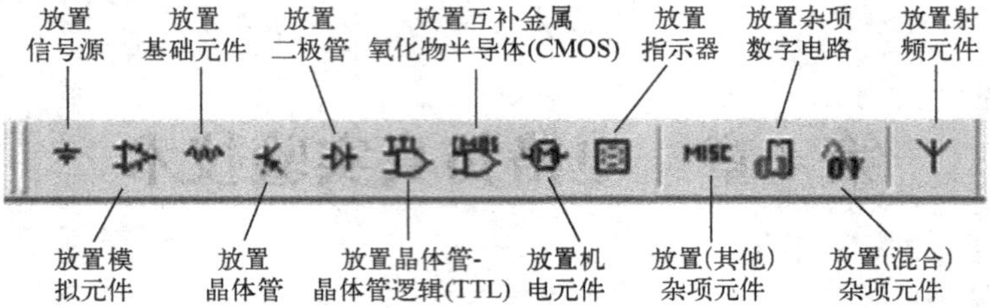

图 4-1 Multisim 仪表工具条

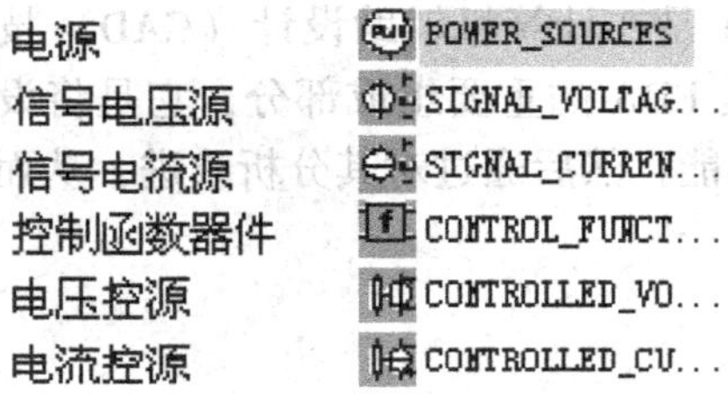

图 4-2 信号源类别里的元件组

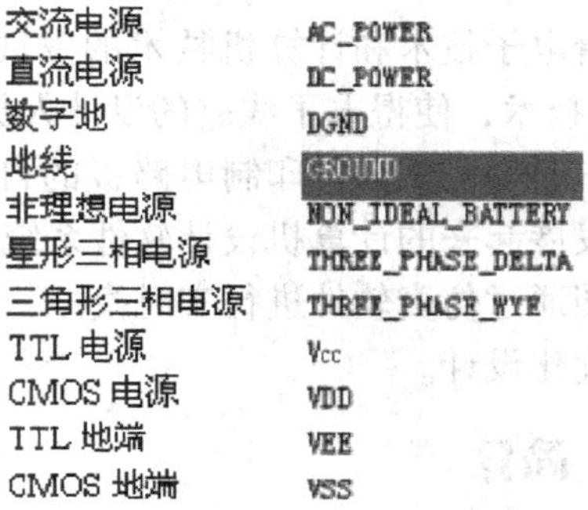

图 4-3 电源元件组里面的具体元件

4.1.3 仪器库

要对电路进行仿真测试，测量仪器是必不可少的。Multisim 仪器库里提供了多种常用的虚拟仪表，包括数字万用表（Multimeter）、函数发生器（Funtion Generator）、频率计（Frequency Counter）、双通道示波器（oscilloscope）、波特图仪（Bode Plotter）、逻辑分析仪（Logic Oscilloscope）等。这些仪表可用于模拟电路、数字电路和高频电路的测量和分析，其使用方便，可以直接通过这些仪表观察电路的运行状态。

1. 数字万用表

数字万用表（Multimeter）是一种用来测量交（直）流电压、电流和电阻及两点之间的分贝损耗，自动调整量程的数字显示万用表。在工具栏上的符号，电路中的图标及其控制面板如图 4-4 所示。

（1）显示栏：显示测量数值。

（2）测量类型选取栏：单击【A】按钮表示测量电流，单击【V】按钮表示测量电压，单击【Ω】按钮表示测量电阻，单击【dB】表示测量结果以分贝形式显示。

（3）交直流选取栏：单击【~】按钮表示测量交流，单击【—】按钮表示测量直流。

（4）【Set】按钮，单击【Set】按钮将弹出参数设置对话框，在此对话框内可以设置数字万用表的电流和内阻、电压表内阻，电阻表电流及测量范围等参数，一般保持默认值即可。

数字万用表和实际中的万用表使用方法是一样的，即在测量电压或电阻时，需要并联在测试节点两端；在测量电流时，应该串联于被测支路；在测量交流参数时，得到的数值为有效值。

2. 函数信号发生器

函数信号发生器（Function Generator）是可提供正弦波、三角波、方波三种不同波形的电压信号源，如图 4-5 所示。

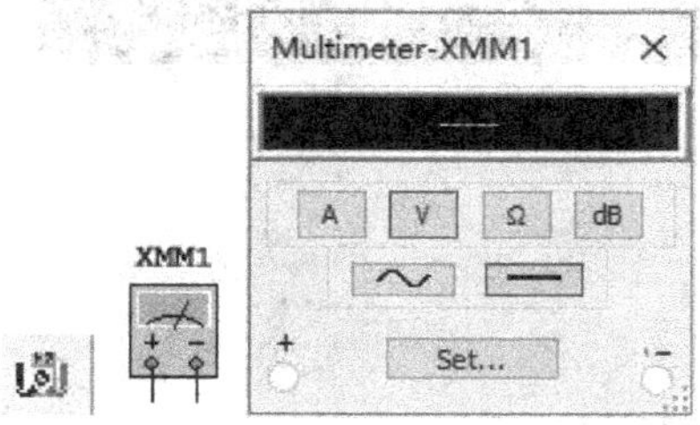

图 4-4　数字万用表的图标及其控制面板

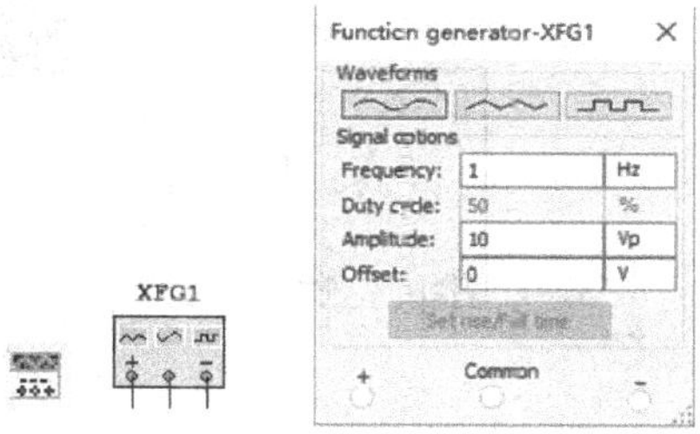

图 4-5　函数发生器图标及其控制面板

对函数信号发生器面板的标识从上到下依次说明如下。

（1）【Waveforms】（输出波形选择）。通过最顶上三个按钮依次选择正弦波、三角波、方波。

（2）【Frequency】（工作频率）。设置输出信号频率。

（3）【Duty Cycle】（占空比）。设置输出方波和三角波的占空比，占空比调整值为 1%～99%，仅对方波和三角波有效。

（4）【Amplitude】（幅度）。设置输出信号幅度。

（5）【Offset】（直流偏置）。设置输出信号的直流偏置电压，默认设置为 0，表示输出电压没有叠加直流分量。

（6）【Set Rise/Fall Time】按钮。设置方波的上升和下降时间，单击该按钮并在弹出的对话框中填入参数即可，仅对方波有效。

（7）端子。【+】表示正极性输出端；【-】表示负极性输出端；【GND】表示接地端。

3. 双通道示波器

双通道示波器（Oscilloscope）是用来显示电压信号波形的形状、大小和频率等参数的仪器。Multisim 的示波器外观及操作与实际的双通道示波器相似，如图 4-6 所示，中间图为示波器在电路中的图标，【A】、【B】表示两个输入通道，在每个通道中有两个接线端子，其中【+】接被测电路，【-】接信号地或者悬空不接（即“-”缺省时默认为接地）；【Ext Trig】为外部触发信号输入端，当需要外部信号触发示波器时才需要。

在使用示波器之前，需要在电路中双击示波器图标，打开示波器的设置面板（见图 4-6 右图），对其参数进行设置。具体参数设置如下：

时基控制（Timebase），如图 4-7 所示。

- X 轴刻度（Scale）。控制示波屏上的横轴，即 X 轴刻度（时间/格），表示每格所代表的时间，改变其参数可将波形水平方向展宽或压缩。
- X 轴位置（X position）。控制信号在 X 轴上的偏移位置，表示显示波形在水平方向上的起点。X = 0：信号起点为示波器屏幕的最左端；X > 0：信号起点右移；X < 0：信号起点左移。

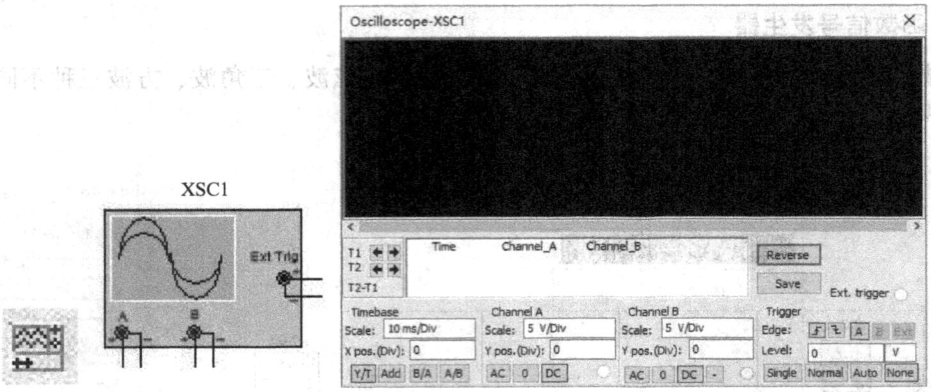

图 4-6　示波器图标及控制面板

- 显示方式。Y/T：幅度比时间，横坐标轴为时间轴，纵坐标轴为信号幅度；Add：B 电压与 A 电压之和；B/A：B 电压比 A 电压（除）；A/B：A 电压比 B 电压。

（1）输入通道（Channel A/B）。在双通道示波器中，A、B 通道设置方法一致，故此以 A 通道设置为例，如图 4-8 所示。

- Y 轴刻度（Scale）。设定 Y 轴每一格的电压刻度。
- Y 轴位置（Y position）。控制示波器在 Y 轴上的原点。Y = 0：Y 轴原点在屏幕垂直方向的中点；Y > 0：原点上移；Y < 0：原点下移。
- 输入显示方式（AC/0/DC）。AC：仅显示信号的交流成分；0：无信号输入，输入端接地；DC：显示交流和直流信号之和。

（2）触发方式控制（Trigger），如图 4-9 所示。

- 触发沿选择（Edge）。上升沿触发或下降沿触发。
- 触发源选择。A：设置为 A 通道触发（在选择了外触发时才可用）；B：设置为 B 通道触发（在选择了外触发时才可用）；Ext：设置为外触发。
- 触发方式选择（Type）。Sing：设置为单脉冲触发；Nor.：设置为一般脉冲触发；Auto：设置为自动方式触发。
- 触发电平选择（Level）。触发电平用以预先设定触发电平的大小，默认值为 0。此项设置只适用于 Single 和 Normal 采样方式，当 A/B 通道输入信号大于此设定的触发电平时，示波器才开始采样。

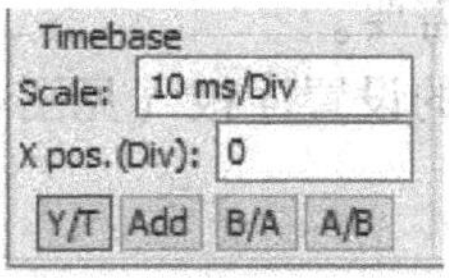

图 4-7　时基控制

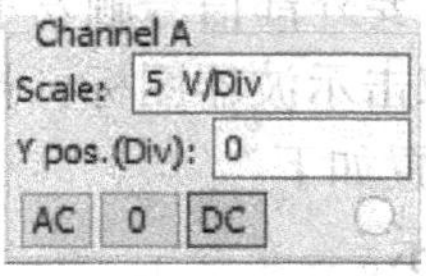

图 4-8　信号通道控制调节

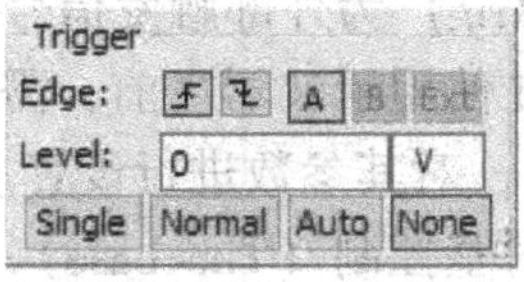

图 4-9　触发方式控制

4. 波特图仪

波特图仪（Bode Plotter）又称频率特性仪或扫描仪，用于测量电路的幅频特性与相频特性。如图 4-10（左）所示为波特图仪图标，其中有 IN 和 OUT 两对端口，其中 IN 端口的

“+”和“-”分别接被测电路输入端的正端和负端；OUT 端口的“+”和”-”分别接电路输出端的正端和负端。使用波特图仪时必须在电路输入端接入交流信号源。

双击波特图仪图标，出现如图 4-10（右）所示的波特图仪面板，包括以下内容：

（1）方式选择（Mode）。Magnitude：波特图显示幅频特性及相关设置；Phase：显示相频特性及相关设置。

（2）坐标设置（Horizontal/Vertical）。LOG：坐标以对数（以 10 为底）形式显示；Lin：坐标以线性的结果显示。

水平（Horizontal）坐标刻度总是显示频率值，F 表示中止频率，I 表示起始频率；垂直（Horizontal）坐标刻度显示纵坐标数值。

（3）读数指针。为了准确测量特性曲线上任意点的频率、增益或者相位差，可用鼠标拖动读数指针（位于波特图仪中的垂直光标），如图 4-10（中）所示，此时读数指针在 260. 127 Hz 处，其纵坐标增益为 -24. 192 dB。

图 4-10　波特图仪图标及其控制面板

5. 频率计

频率计（Frequency Counter）可用来测量信号的频率，图标如图 4-11（中）所示，只有一个接线端子，用来连接被测信号。双击该图标得到如图 4-11（右）所示的频率计面板。

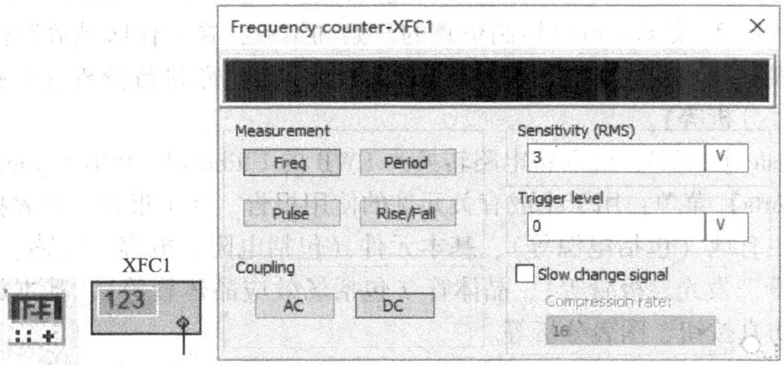

图 4-11　频率计图标及其控制面板

（1）测量参数选择（Measurement）。Freq：测量频率；Period：测量周期；Pulse：测量正极性和负极性脉冲的持续时间；Rise/Full：测量脉冲的上升和下降时间。

（2）耦合方式（Coupling）。AC：交流耦合；DC：直流耦合。

（3）灵敏度（Sensitivity（RMS））。选择灵敏度。

（4）触发电子（Level）。设置触发电平。

4.2 Multisim 软件应用入门

图4-12为Multisim的基本用户界面。菜单栏除了包括文件（File）、编辑（Edit）、视图（View）、工具（Tools）等基本的功能菜单外，还包括了Multisim特有的几个菜单，如放置（元件）（Place）、仿真（Simulate）、转换（Transfer）和报告（Reports）等。

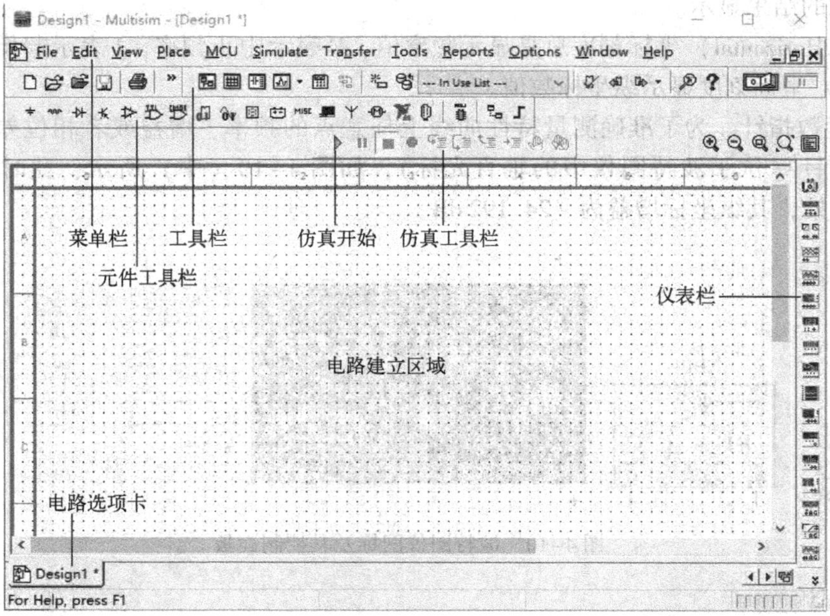

图4-12 Multisim基本用户界面

（1）【Place】菜单：可以在工作区域放置元件、节点、电线、总线、文本和图片等。

（2）【Simulate】菜单：可以控制仿真的开始和结束，在工作区域放置仪器仪表（包括示波器、万用表、波特图仪、频率计、测量探针等），对电路进行分析（包括直流分析、交流分析、傅里叶分析等）。

（3）【Transfer】菜单：可以将电路转换为EWB的Ultiboard、PCB Layout等。

（4）【Reports】菜单：用于生成有关元件的使用报告、详细报告、列表报告等。

元件工具栏有地（包括电源等）、基本元件（包括电阻、电容、电感、开关等）、二极管（包括稳压管、发光二极管等）、晶体管（包括场效应晶体管等）、基本放大器等。仿真工具栏包括了仿真按钮、图表分析等。

右边仪表栏包括了实验中常用的仪器，如万用表、函数发生器、瓦特计、双通道示波器、波特图仪、频率计、字发生器、测量探针等。

4.2.1 电路建立

1. 元件的操作

单击元件工具栏的按钮，会弹出图4-13所示的菜单。如果不知道元件的具体位置，或者不知道元件的全名，可以通过右上角的搜索（Search）按钮在元件库中查找。可以使用通配符“?”和“*”，如在搜索框中输入“*324”或者“LM3??”，都可以找到所要的不同的结果。

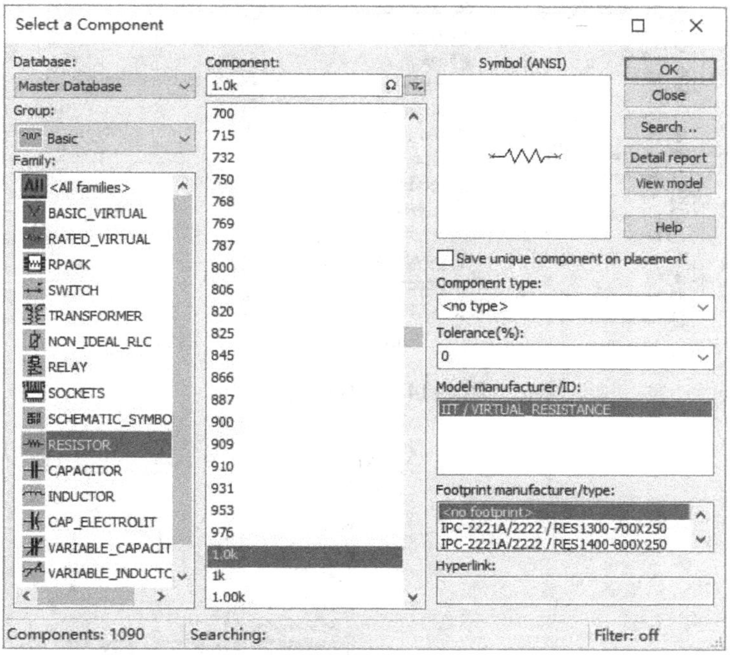

图 4-13　选择元件

在左边的【Group】下拉菜单中，可以选择相应的元件组（见图 4-14a），【Family】选项框中可以选择相应元件组中的元件类（见图 4-14b），其中前面是墨绿色背景的图标是虚拟库（其中的元件值参数可以根据需要任意设定），背景是灰色的图标是实际库（其中的元件值参数不能根据需要任意设定，是实际元件的参数值）。例如选择 Basic 元件组实际库中的电阻（Resistor），在【Component】选项中可以选择具体的元件（见图 4-14c，选中元件后，在元件上双击或者单击右上角的【OK】按钮，就可以在工作区域放置元件了（见图 4-15a），选择合适的位置，单击鼠标左键，元件就放置好了（见图 4-15b），可以选中元件直接拖动鼠标或者用键盘上的方向键来改变它的位置，如果元件水平或者垂直位置不好，可以在元件上单击鼠标右键，对元件进行水平镜像翻转、垂直镜像翻转、顺时针 90°旋转和逆时针 90°旋转（见图 4-15c）。这样，一个元件就放置好了。

如果要查看或者编辑一个元件的属性值，只需要双击该元件，在弹出的对话框中可以看到或编辑该元件的属性，如图 4-16 所示。如果是可变电阻等值可变的元件（包括开关），可以设定改变其值的按键和每次按键改变值的幅度。可以选择按键，更改可变量，在仿真时，选中工作区域，按相应的按键可以改变其值，按 Shift + 相应的按键，可以反方向改变其值。

2. 元件之间的连接

首先确定所放置的元件哪些引脚可以连线。如图 4-13 所示，在选择元件放置的时候，在 Symbol 中有元件的图形符号，在元件引脚的地方有一个小红叉的，表示这个引脚可以连线，例如 Vcc 电源，只有一个引脚可以连接。

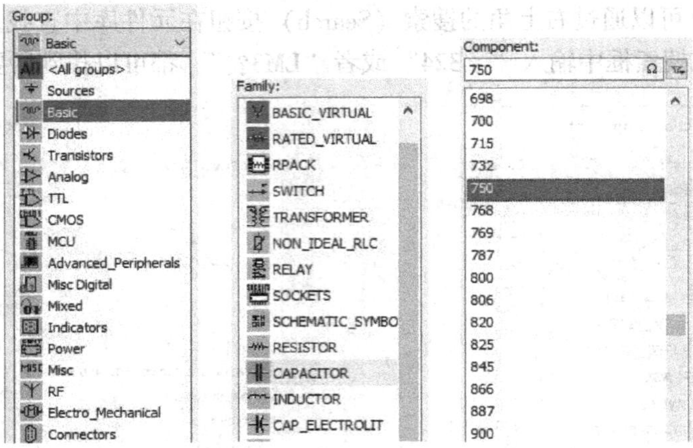

a) b) c)

图 4–14 元件的选择

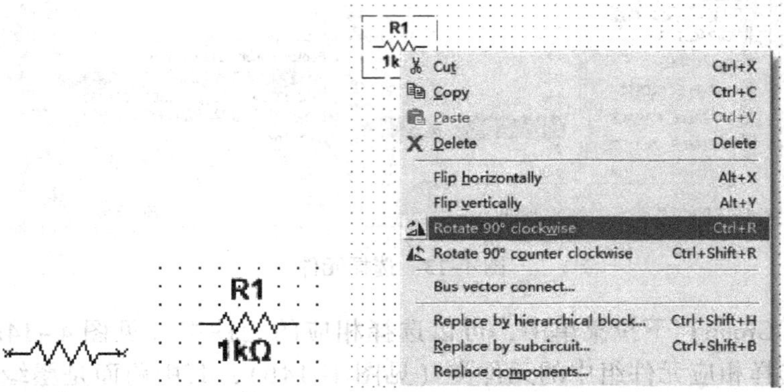

a) b) c)

图 4–15 元件的放置

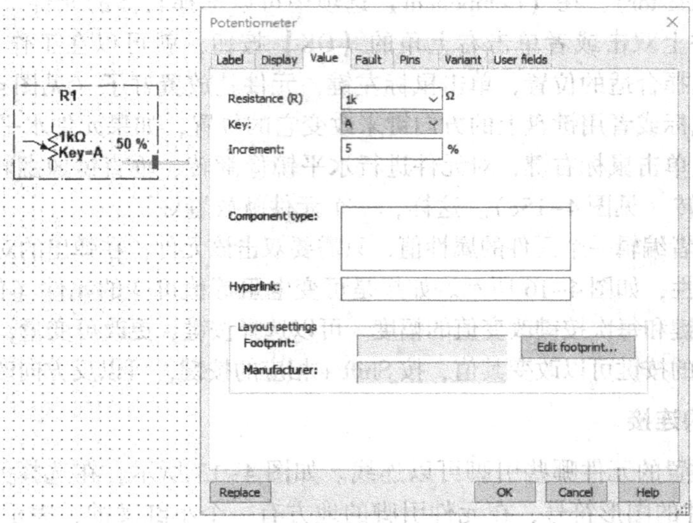

图 4–16 可变电阻值的改变

现在就可以连线了。把光标移动到元件的引出端，光标会变成 +，单击鼠标左键，移动光标，会有一条线跟着光标移动，移动到另一个元件的引出端时，再单击鼠标左键，连线就完成了（见图 4-17）。如果要一个节点，可以在工作区域空白处双击鼠标左键，以引出一条导线，也可以用 Place 菜单中的 Junction 选项来放置节点，可以通过此方法将两条交叉且不相连的导线连起来。

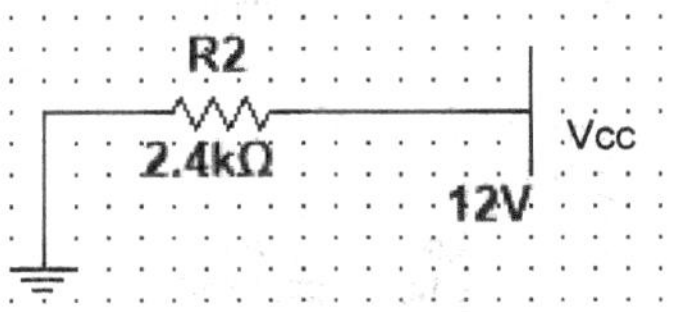

图 4-17　元件连线

在已经画好的导线上单击鼠标右键可以选择改变导线的颜色，例如如果电路较为复杂，可以将地线全改为黑色，这样有利于检查电路连接。

下面就可以根据图 4-18（该图为晶体管放大器电路）连线了，连接以后的结果如图 4-19 所示。

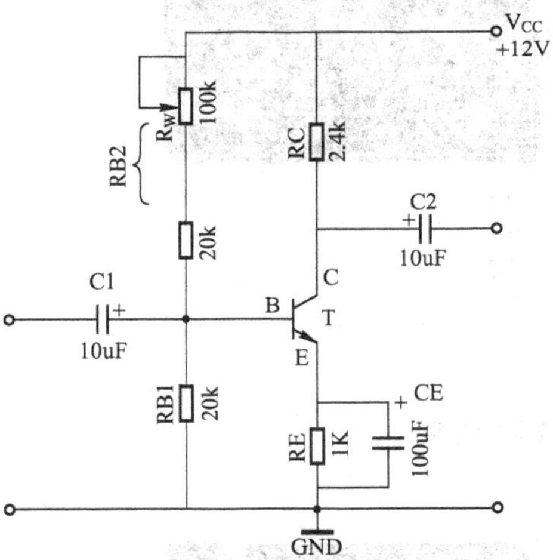

图 4-18　晶体管放大器电路

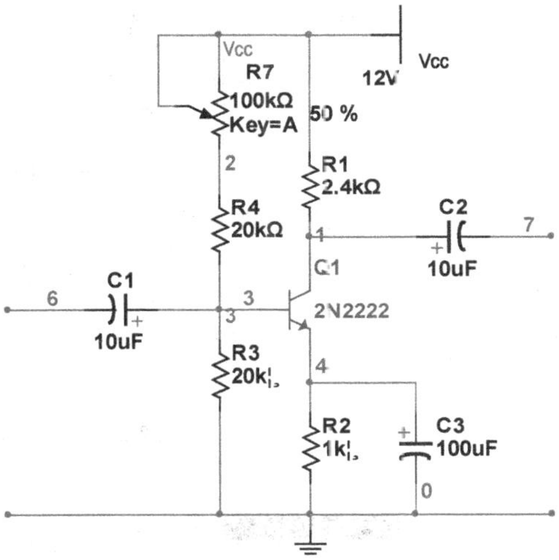

图 4-19　晶体管放大器仿真电路

4.2.2　电路仿真

1. 给电路中添加测量仪器

结合 4.2.1 节中的电路实例，给电路中加入信号源、示波器、万用表，完整的仿真电路图，如图 4-20 所示。

2. 电路仿真

接通电源，即单击仿真按钮，计算机开始仿真，双击示波器、信号源和万用表，都可以看到相应的数据或者波形，根据需要自己可以调整相应的参数。仿真结果如图 4-21 和图 4-22 所示。

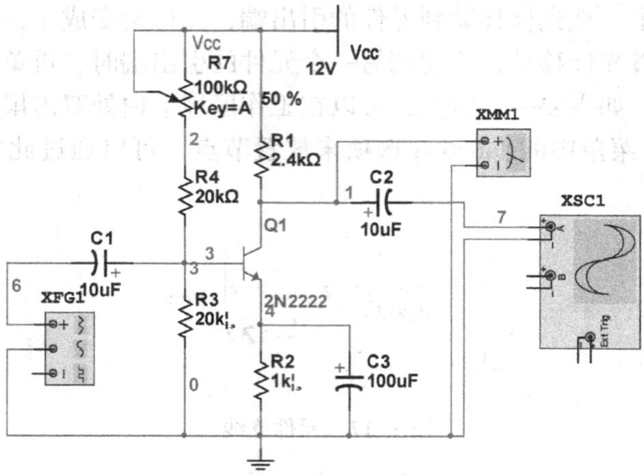

图 4-20　晶体管放大器电路仿真图

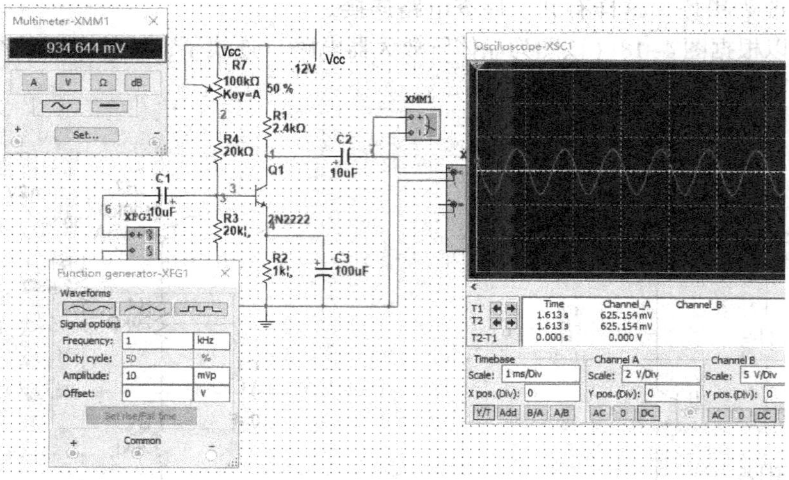

图 4-21　$f = 1$ kHz 时示波器的波形

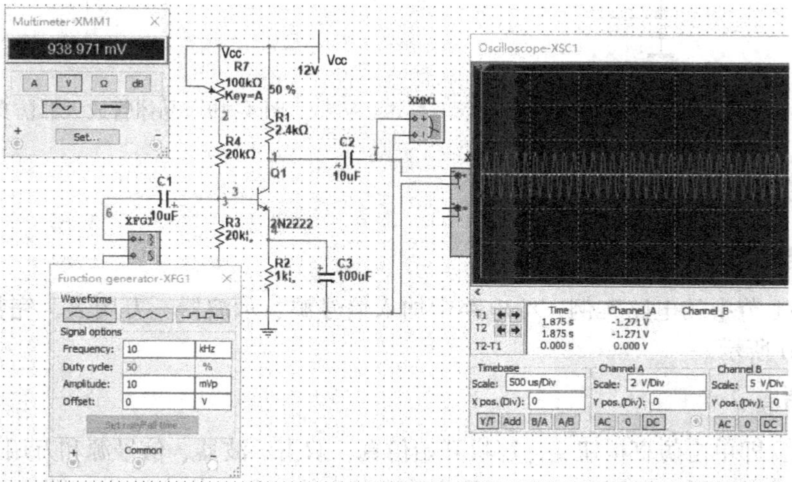

图 4-22　$f = 10$ kHz 时示波器的波形

第 5 章　电路的设计与调试

5.1　电路的设计

5.1.1　电路设计的原则与步骤

1. 电子线路设计的基本原则

电子线路设计是指根据设计任务、要求和条件，选择合适的方案，确定电路的总体组成框图，接着对各单元电路进行设计，最后得到满足技术指标和功能要求的完整电路图的过程。

一个好的设计除了完全满足性能指标和功能要求外，还要求电路简短可靠，系统集成度高，电磁兼容性好，性能价格比高，同时要求系统的功耗小，安装调试方便。

2. 电子线路设计的一般步骤

一般来说，电子线路的设计不是一个简单的、一次能完成的过程，而是一个逐步试探的过程。下面介绍电子线路设计的主要步骤。

（1）仔细审题，分析技术指标

接到设计课题后，一定要仔细分析设计课题的要求、各项性能指标的含义，以便明确系统要完成的任务。

（2）进行方案选择，画出总体组成框图，分配技术指标

弄清题意后，就可以进行总体方案设计了。这时，可以通过相关图书或其他参考资料，找到一些与设计课题相近的电路方案，查阅能够满足技术指标要求的器件。对于同一个课题，实现的方案可能有多个，应该将不同的方案进行对比，根据自己现有的条件选择一种方案。

最后根据选择的方案，从全局着手，把系统要完成的任务按照功能划分为若干个相互联系的单元电路，然后将技术指标和功能分配给各个单元电路，并画出一个能表示系统基本组成和相互关系的总体组成框图。

例如，要设计一个额定输出功率不小于 1 W 的音响放大电路，并要求该电路具有传声器扩音、数字混响延时、卡拉 OK 伴唱等功能。由题意可知，该系统要完成的主要功能是放大混响延时，这是一个数模混合的电子系统，参考相关资料，可以设计出该系统的总体框图，如图 5-1 所示。

然后将系统要完成的功能和各项技术指标分配给各个单元电路。由于传声器（低阻 20 Ω）的输出电压大约为 5 mV，而输出功率大于 1 W，则输出电压 $U_o = \sqrt{P_o R_L} > 2.8\,V$。可见系统的总电压增益 $A_{o\Sigma} = U_o/U_i > 560$ 倍（55 dB）。混响延时电路可以选用专用数字混响集成电路芯片，如 M65831A，它只完成混响功能，不放大输入信号，因此该电路的电压增益主要分配给放大器。图 5-2 是各单元电路电压增益分配情况（电路设计时，通常保留一定的裕量，图中取 $U_o = 3\,V$）。

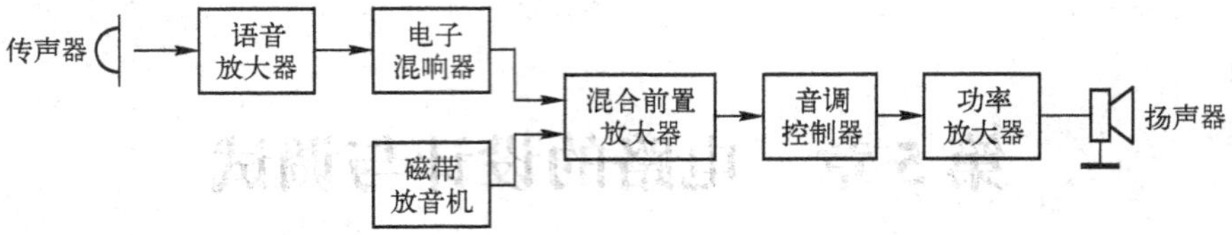

图 5-1 音箱放大器的总体框图

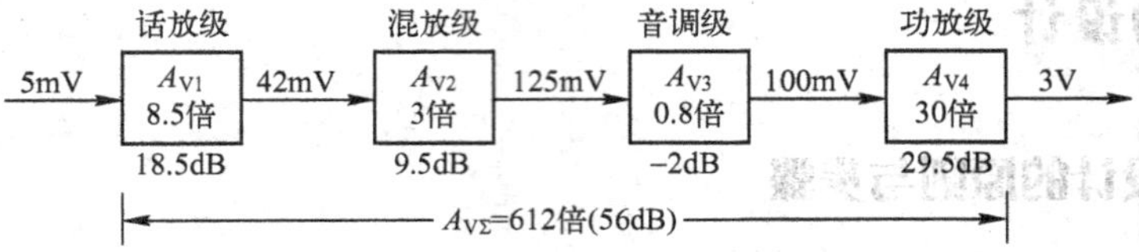

图 5-2 各单元电路的电压增益分配

（3）设计单元电路、进行计算机仿真实验

单元电路的设计可以参考一些典型的实用电路，或者将几个电路巧妙地结合起来实现某个功能。通常包括电路选择、元器件选择、电路参数计算、计算机仿真和实验调试等步骤。如果元器件选择合适，则电路实现起来就比较简单。在电路形式确定后，还要根据公式计算出各元件的参数，由于电子元器件性能的离散性及标称规格分级有限且存在误差，故元器件参数的计算常称为估算，估算的参数需要经过仿真或实验调试才能确定。对单元电路进行计算机仿真实验可以提高实验效率，避免搭接硬件电路、进行重复测试的烦琐过程。

在设计单元电路时，在保证电路性能指标的前提下，要尽量减少元器件品种、规格，要尽量选用集成电路进行设计。在选择元器件时，要注意以下几点：

1）选择集成电路进行设计时，除了考虑集成电路的功能和性能指标外，还要注意芯片的供电电压、功耗 、速度和价格等因素。

2）电阻和电容的种类较多，正确选择电阻和电容是很重要的，不同电路对电阻和电容性能要求是不同的，有些电路对电容的漏电要求很严，有些电路对阻容元件的精度要求很高。设计时要根据电路的要求选择性能和参数合适的阻容元件，并要注意功耗、容量、频率和耐压范围是否满足要求。由于电阻值大时，其误差和噪声会增大，因此选择电阻时，其阻值一般不应超过 10 MΩ，并尽量选择阻值小于 1 MΩ 的电阻。对于非电解电容的选择，其数值应在常用电容器标称系列之内，并根据设计要求及电路工作具体情况选择电容分类，其电容值最好在 100 pF ~0. 1 μF。

（4）画出总体电路图

在单元电路设计完成后，应画出能反映各单元电路连接关系的完整的电路原理图。此时得到的原理图是一个初步实验的草图，在经过实验调试后，才能绘制成正式的总体电路图。绘制电路图时，要注意以下几点：

1）布局合理、排列均匀、图面清晰，便于读图和理解。对于比较复杂的电路，绘图时应尽量把主体电路绘在一张图纸上，而把比较独立或次要的部分绘在其他图纸上，并在图的端口两端做好标记，标出信号从一张图到另一张图的引出点和引入点，以说明各图纸在电路连线之间的关系。

2）注意信号流向，一般从输入端或信号源画起，由左到右或由上到下按信号流向依次画出各单元电路，而反馈通路的信号流向则与此相反。

3）图形符号要符合国标或国际通用符号。

4）连接线一般画成水平线或垂直线，并尽量减少交叉与拐弯。相互连通的交叉线应在交叉处用实心点表示，根据需要，可以在连接线上加注信号名或其他标记，表示其功能或其去向。

5.1.2　电路图的计算机绘制

随着计算机技术的发展，到20世纪80年代中期，计算机在各个领域得到广泛的应用。在这种背景下，1987年、1988年由美国ACCEL TechnologiesInc公司推出了第一个应用于电子线路设计的软件包TANGO，开创了电子设计自动化（EDA）的先河。这个软件包现在看来比较简陋，但在当时给电子线路设计带来了设计方法和方式的革命，人们纷纷开始用计算机来设计电子线路。在国内，开发使用较多的软件有：Protel，PowerPCB，Allegro，orCAD，cam350等，这些电路设计软件除了具有电原理图绘制的功能，还包含印制电路板设计、数字电路仿真等功能，可以帮助大家更好地开发和学习。本节以Protel软件为例介绍电路原理图的绘制。

1. 原理图设计流程

原理图的设计流程如图5-3所示，下面简要介绍原理图设计过程中的各个步骤。

（1）设计图纸大小

首先要构思好零件图，设计好图纸大小。图纸大小是根据电路图的规模和复杂程度而定的，设置合适的图纸大小是设计好原理图的第一步。

（2）设置Protel 99se/Schematic设计环境

包括设置格点大小和类型，光标类型等等，大多数参数也可以使用系统默认值。

（3）放置元件

用户根据电路图的需要，将零件从零件库里取出放置到图纸上，并对放置零件的序号、零件封装进行定义和设定等工作。

（4）原理图布线

利用Protel 99se/Schematic提供的各种工具，将图纸上的元件用具有电气意义的导线、符号连接起来，构成一个完整的原理图。

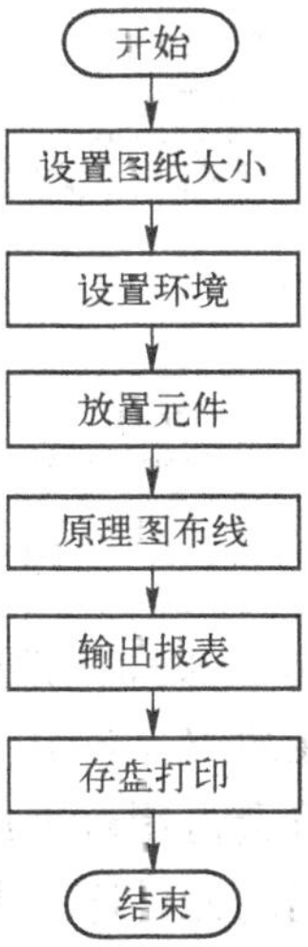

图5-3　原理图设计流程

（5）报表输出

通过Protel 99se/Schematic提供的各种报表工具生成各种报表，其中最重要的报表是网络表，通过网络表为后续的电路板设计做准备。

（6）文件保存及打印输出

最后的步骤是文件保存及打印输出。

2. Protel 99se电路原理图的绘制

（1）启动Protel 99se，启动后出现的窗口如图5-4所示。

（2）选取菜单【File】/【New】来新建一个设计库，出现如图 5-5 所示对话框。在【Database File Name】处可输入设计库存盘文件名，单击【Browse...】按钮改变存盘目录。

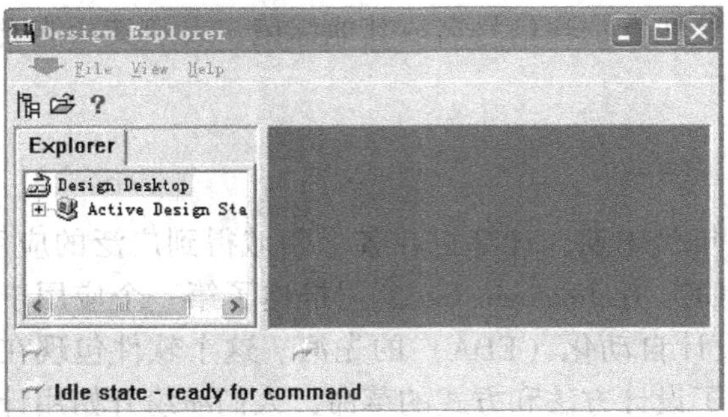

图 5-4 启动后的窗口

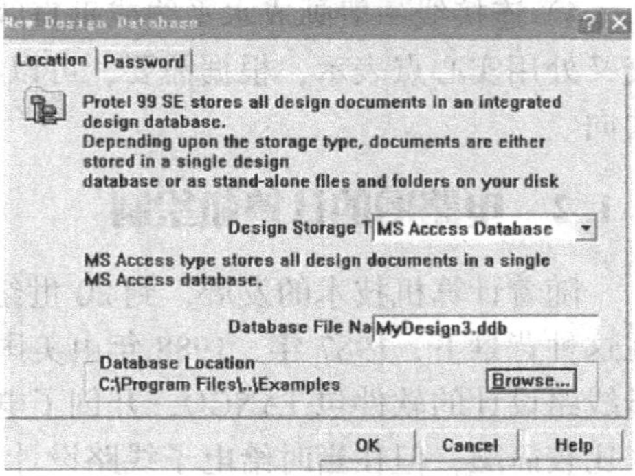

图 5-5 新建设计库对话框

如果想用口令保护设计文件，可单击【Password】选项卡，再单击【Yes】并输入口令，单击【OK】按钮后，出现如图 5-6 主设计窗口。

（3）选取【File/New...】，打开【New Document】对话框，如图 5-7 所示，选取【Schematic Document】建立一个新的原理图文档。

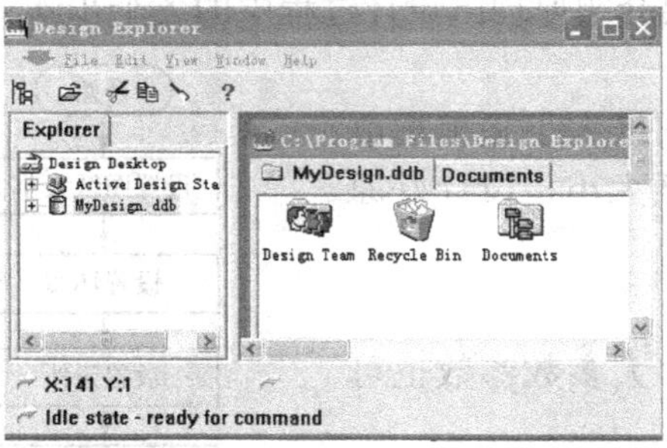

图 5-6 主设计窗口

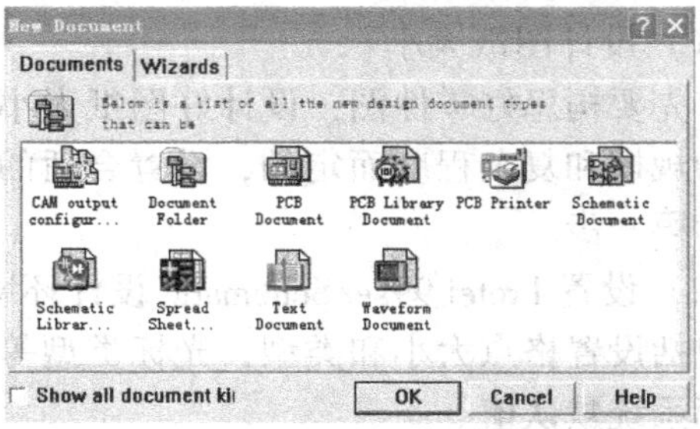

图 5-7 新建文档对话框

（4）添加元件库

在放置元件之前，必须先将该元件所在的元件库载入内存。如果一次载入过多的元件库，将会占用较多的系统资源，同时也会降低应用程序的执行效率。所以，通常只载入必要而常用的元件库，其他特殊的元件库在需要时再载入。

添加元件库的步骤如下：

1）双击设计管理器中的 Sheet1. Sch 原理图文档图标，打开原理图编辑器。

2）单击设计管理器中的【Browse Sch】选项卡，然后单击【Add/Remove】按钮，屏幕将出现如图 5-12 所示的【元件库添加、删除】对话框。

3）在 Design Explorer 99\Library\Sch 文件夹下选取元件库文件，然后双击鼠标或单击【Add】按钮，此元件库就会出现在 Selected Files 框中，如图 5-8 所示。

4）然后单击【OK】按钮，完成该元件库的添加。

（5）添加元件

由于电路是由元件（含属性）及元件间的边线组成的，所以现在要将所有可能使用到的元件都放到空白的绘图页上。通常用下面两种方法来选取元件。

1）通过输入元件编号来选取元件

做法是通过菜单命令【Place/Part】或直接单击电路绘制工具栏上的按钮，打开如图 5-9 所示的【Place Part】对话框，然后在该对话框中输入元件的名称及属性，如图 5-9 所示。

Protel 99se 的 Place Part 对话框包括以下选项：

【Lib Ref】在元件库中所定义的元件名称，不会显示在绘图页中。

【Designator】流水序号。

【Part Type】显示在绘图页中的元件名称，默认值与元件库中名称 Lib Ref 一致。

【Footprint】包装形式。应输入该元件在 PCB 库里的名称。

放置元件的过程中，按空格键可旋转元件，按下 X 或 Y 可在 X 方向或 Y 方向镜像，按【Tab】键可打开编辑元件对话框。

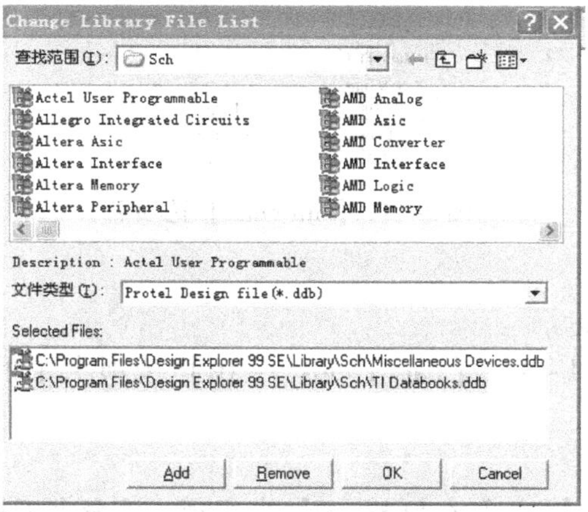

图 5-8 【元件库添加/删除】对话框

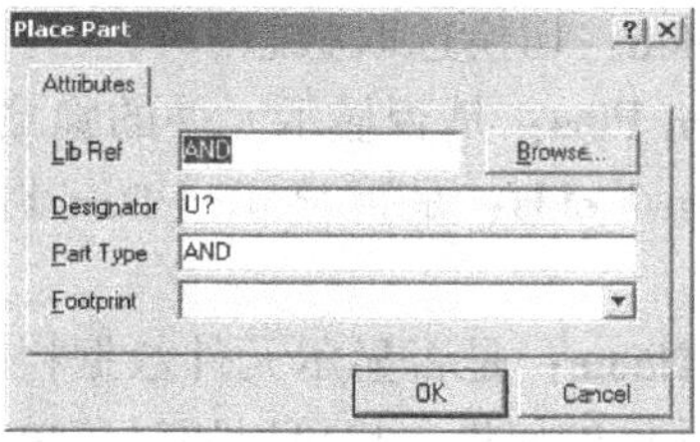

图 5-9 输入元件的名称及属性

2）从元件列表中选取

添加元件的另外一种方法是直接从元件列表中选取，该操作必须通过设计库管理器窗口左边的元件库面板来进行。下面示范如何从元件库管理面板中取一个与门元件，如图 5-10 所示。首先在面板上的【Library】栏中选取【Miscellaneous Devices. lib】，然后在【Components In Library】栏中利用滚动条找到 AND 并选定它。接下来单击【Place】按钮，此时屏幕上会出现一个随鼠标移动的 AND 符号，按空格键可旋转元件，按下 X 或 Y 可在 X 方向或 Y 方向镜像，按【Tab】键可打开编辑元件对话框。将符号移动到适当的位置后单击鼠标左键使其定位即可。

（6）编辑元件

Schematic 中所有的元件对象都各自拥有一套相关的属性。某些属性只能在元件库编辑中进行定义，而另一些属性则只能在绘图编辑时定义。在将元件放置到绘图页之前，此时元件符号可随鼠标移动，如果按下【TAB】键就可打开如图 5-11 所示的【Part】对话框。

【Attributes】选项卡中的内容较为常用，它包括以下选项：

【Lib Ref】在元件库中定义的元件名称，不会显示在绘图页中。

【Footprint】包装形式。应输入该元件在 PCB 库里的名称。

【Designator】流水序号。

Part Type：显示在绘图页中的元件名称，默认值与元件库中名称 Lib Ref 一致。

Sheet Path：成为绘图页元件时，定义下层绘图页的路径。

Part：定义子元件序号，如与门电路的第一个逻辑门为 1，第二个为 2，等等。

图 5-10　选取元件

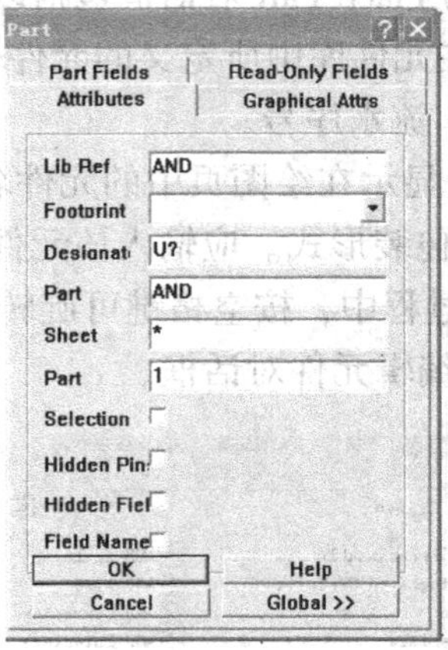

图 5-11　【Attributes】选项卡

Selection：切换选取状态。

Hidden Pins：是否显示元件的隐藏引脚。

Hidden Fields：是否显示【Part Fields 1-8】、【Part Fields 9-16】选项卡中的元件数据栏。

Field Name：是否显示元件数据栏名称。

改变元件的属性，也可以通过菜单命令【Edit】/【Change】来实现。该命令可将编辑状态切换到对象属性编辑模式，此时只需将鼠标指针指向该元件，然后双击鼠标左键，就可打开【Part】对话框。在元件的某一属性上双击鼠标左键，则会打开一个针对该属性的对话框。如在显示文字“U?”上双击，将出现对应的【Part Designator】对话框，如图 5-12 所示。

（7）放置电源与接地元件

Vcc 电源元件与 GND 接地元件有别于一般的电气元件。它们必须通过菜单【Place】/【Power Port】或电路图绘制工具栏上的≑按钮调用，这时编辑窗口中会有一个随鼠标指针移动的电源符号，按【Tab】键，即出现如图 5-13 所示的【Power Port】对话框。

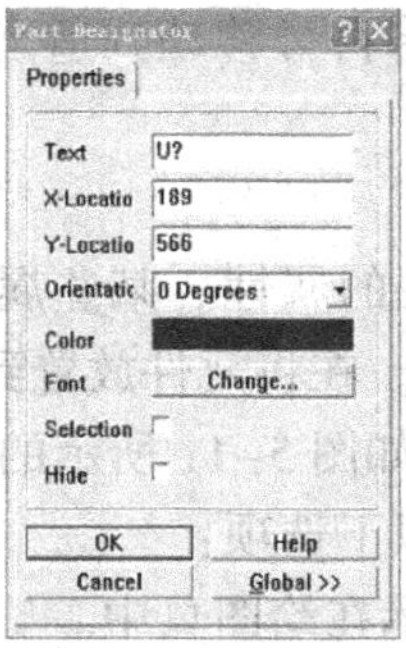

图 5-12　Part Designator 属性

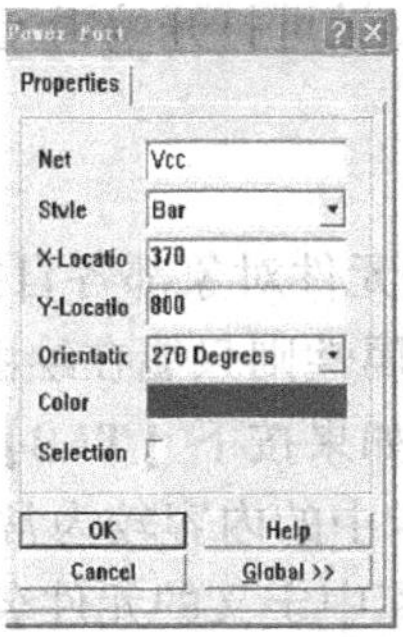

图 5-13　Power Port 属性

在对话框中可以编辑电源属性，在【Net】栏中修改电源符号的网络名称，在【Style】栏中修改电源类型，在【Orientation】栏中修改电源符号放置的角度。电源与接地符号在【Style】下拉列表中有多种类型可供选择，如图 5-14 所示。

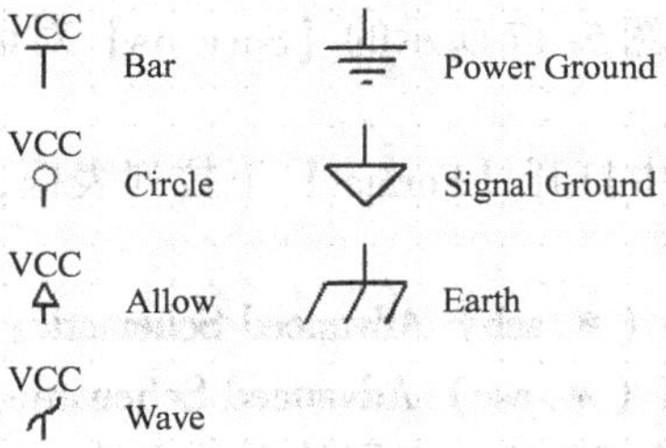

图 5-14　各种电源与接地符号图

（8）原理图布线设计

所有元件放置完毕后，就可以进行电路图中各对象间的连线（Wiring）。连线的主要目的是按照电路设计的要求建立网络的实际连通性。

1）连线。要进行操作，可单击电路绘制工具栏上的≈按钮或执行菜单命令【Place】/【Wire】将编辑状态切换到连线模式，此时鼠标指针由空心箭头变为大下字。只需将鼠标指针指向欲拉连线的元件端点，单击鼠标左键，就会出现一条随鼠标指针移动的预拉线，当鼠标指针移动到连线的转弯点时，单击鼠标左键就可定位一次转弯。当拖动虚线到元件的引脚上并单击鼠标左键，可在任何时候双击鼠标左键，就会终止该次连线。若想将编辑状态切回到待命模式，可单击鼠标右键或按下【Esc】键。更快捷的连线方法：在待命模式，单击鼠标右键，出现如图 5-15 所示的右键菜单，单击【Place Wire】菜单项就可以进行连线。

2）放置节点。在某些情况下 Schematic 会自动在连线上加上节点（Junction）。但通常有许多节点要我们自己动手才可以加上的。如默认情况下十字交叉的连线是不会自动加上节点的。如图 5-16 所示。

3）调整线路。将初步绘制好的电路图作进一步的调整和修改，使原理图更加美观。

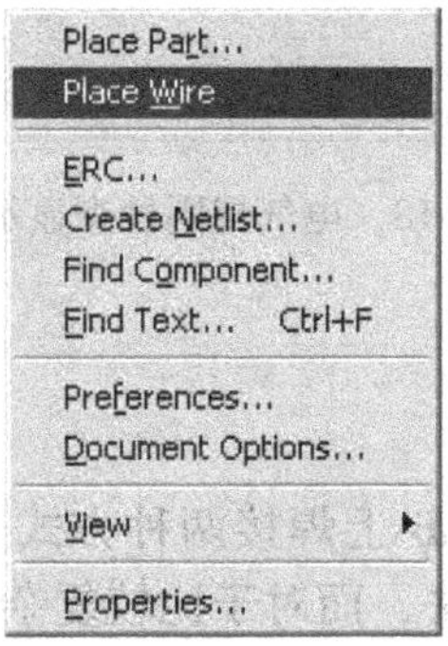

图 5-15　快捷菜单

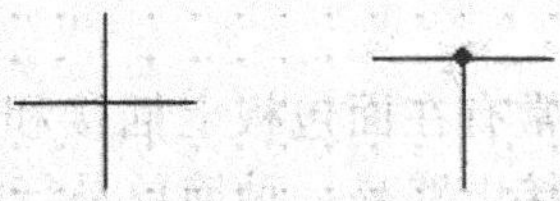

图 5-16　节点类型图

（9）报表输出

通过**Protel** 99se/Schematic 提供的各种报表工具生成各种报表，其中最重要的报表是网络表，通过网络表为后续的电路板设计做好准备。网络表的生成非常容易，只要在【Design】下选取【Create Netlist】对话框，即可生成网络表。

(10) 文件保存及打印输出

电路图绘制完成后要保存起来，以供日后调出修改及使用。当打开一个旧的电路图文件并进行修改后，执行菜单命令【File】/【Save】可自动按原文件名将其保存，同时覆盖原先的旧文件。在保存文件时如果不希望覆盖原来的文件，可换名保存。具体方法是执行【File】/【Save As...】菜单命令，打开如图 5-17 所示的【Save As】对话框，在对话框中指定新的存盘文件名就可以了。

我们在【Save As】对话框中打开【Format】下拉列表框，就可以看到 Schematic 所能够处理的各种文件格式，具体如下：

- **Advanced Schematic Binary（*.sch）Advanced Schematic**：电路绘图页文件，二进制格式。
- **Advanced Schematic ASCII（*.asc）Advanced Schematic**：电路绘图页文件，文本格式。
- **Orcad Schematic（*.sch）SDT4**：电路绘图页文件，二进制文件格式。
- **Advanced Schematic template ASCII（*.dot）**：电路图模板文件，文本格式。
- **Advanced Schematic template binary（*.dot）**：电路图模板文件，二进制格式。
- **Advanced Schematic binary files（*.prj）**：项目中的主绘图页文件。

(11) 电气规则检查

电气规则检查（ERC）是按照一定的电气规则，检查电路图中是否有违反电气规则的错误。ERC 检查报告以错误（Error）或警告（Warning）来提示。进行电气规则检查后，系统会自动生成检测报告，并在电路图中有错误的地方放上红色的标记。执行菜单命令【Tools】/【ERC】，在【Rule Matrix】中选择要进行电气检查的项目，设置好后，单击【OK】按钮，即可运行电气规则检查，检查结果将显示到界面上，如图 5-18 所示。

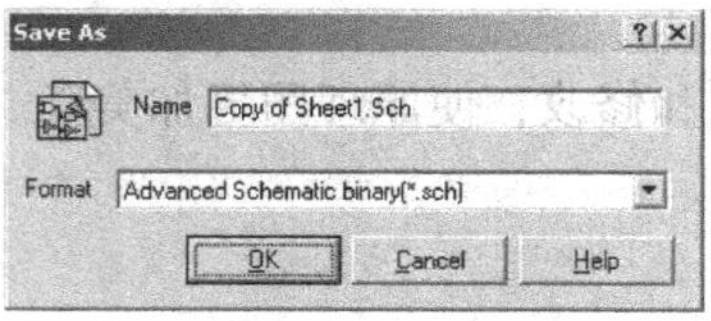

图 5-17 换名存盘对话框

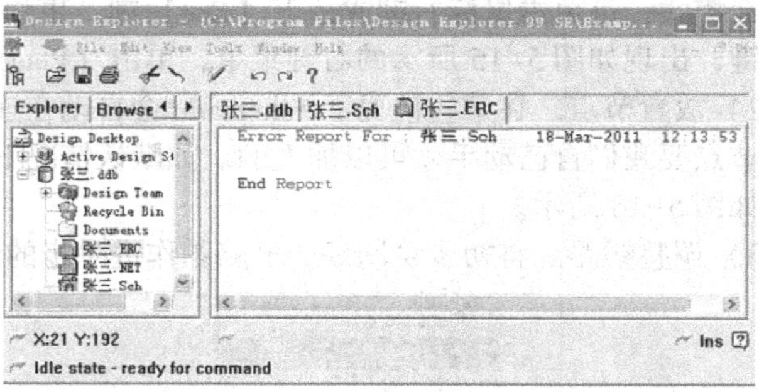

图 5-18 电气规则检查显示界面图

5.2 电路建立

电子线路的组装通常有在面包板上插接和在 PCB 上焊接两种方式。对于比较简单的单元电路，在面包板上插接电路是一种简单易行的方法，而对于比较复杂的电路，通常需要设计 PCB，然后将元器件焊接在 PCB 上进行调试。下面就这两种方法分别予以介绍。

5.2.1 在面包板上搭接实验电路

1. 面包板简介

面包板的结构如图 5-19 所示，图中面包板由三部分组成：上电源区、中元器件区和下电源区，三部分由一块铝板固定结合在一起（注意，铝板仅仅是为了提高机械强度）。

在元器件区，所有厂家的产品都一样，由若干个5孔“孤岛”组成，孤岛在内部是一个铜条，保证5个孔是相通的。每个孔内是一个有弹性的铜片，将元器件的引脚插入孔内，就和孤岛有了电连接。注意，将频繁插拔或者将较粗的引脚硬插入孔内，可能造成铜片失去弹性，此时，即便元器件引脚插入孔内，也可能没有与孤岛连接，这就造成了开路故障。

电源区的分布，有可能随不同的产品而不同，图5-19中所示的是一种类型，将10个5孔孤岛划分成2部分，每部分内部是连接的，2部分之间不连接。这种布局，相当于上下电源区共由8个25孔孤岛组成。还有一种是将10个孤岛划分为“3，4，3”，相当于上下电源区共由4个20孔孤岛和8个15孔孤岛组成。很多人不注意，就会按以前的习惯使用，可能就会出问题。因此，对待一个没有使用过的面包板，在电源区使用前，一般要先用万用表测量一下。

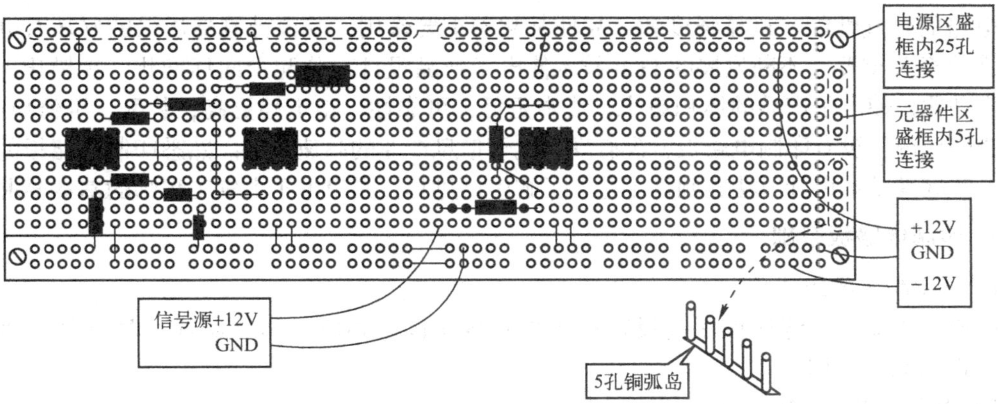

图5-19 面包板的结构示意图

2. 面包板布线的几个基本原则

在面包板上完成电路搭接，不同的人有不同的风格。但是，无论什么风格、习惯，完成的电路搭接，必须注意以下几个基本原则：

（1）连接点越少越好。每增加一个连接点，实际上就人为地增加了故障概率。面包板孔内不通，导线松动，导线内部断裂等都是常见故障。

（2）尽量避免立交桥。所谓的“立交桥”就是元器件或者导线骑跨在别的元器件或者导线上。初学者最容易犯这样的错误。这样做，一方面给后期更换元件带来麻烦，另一方面，在出现故障时，零乱的导线很容易使人失去信心。

（3）尽量靠牢。有两种现象需要注意：第一，集成电路很容易松动，因此，对于运放等集成电路，需要用力下压，一旦不靠牢，需要更换位置。第二，有些元器件引脚太细，要轻轻拨动一下，如果发现不靠牢，需要更换位置。

（4）方便测试。5孔孤岛一般不要占满，至少留出一个孔，用于测试。

（5）布局尽量紧凑。信号流向尽量合理。

（6）布局尽量与原理图近似。这样有助于在查找故障时，尽快找到元器件位置。

（7）电源区使用尽量清晰。在搭接电路之前，首先将电源区划分为正电源、地、负电源三个区域，并用导线完成连接。这样做，可以避免今后使用电源时，出现一些由于疏忽而导致的故障。

3. 面包板一般保护

面包板并不太娇贵，但也不能“虐待”它。一般来说，即便少量进水，只要干了，也不会轻易损坏。它最怕的是碎屑、断头和粗暴插拔，因此不要让粉末状进入插孔；不要将金属线折断在孔内；不要将太粗的导线、探针、引脚插入孔内。

5.2.2 印制板电路制作

印制电路板又成为印制线路板，通常简称为印制板或 PCB（Printed Circuit Board）。它是电子工业重要的电子部件之一，几乎所有电子设备，小到收音机、计算器，大到电子计算机、通信电子设备，只要有电子元器件，为了对其安装和电气互连，都要使用印制电路板。它对电路的电气性能、机械强度和可靠性都起着重要作用，其设计制造质量的好坏对电子产品的性能至关重要。不断发展的 PCB 技术使电子产品设计、装配走向标准化、规模化、机械化和自动化，使电子产品的体积更小，成本更低，可靠性、稳定性更高，装配、维修更简单。毫不夸张地说，没有印制电路板就没有现代电子信息产业的高速发展。熟悉印制电路板的基本知识，掌握其基本设计方法和制作工艺，了解生产过程，是对电子电气工程师的基本要求。

1. 印制电路板基础

（1）印制板的组成

印制板主要由绝缘底板（基板）和印制电路（也称导电图形）组成，具有导电线路和绝缘底板的双重作用。

1）基板（Base Material）

基板是由绝缘隔热、并不易弯曲的材料制作而成，一般常用的基板是敷铜板，又称覆铜板，全称敷铜箔层压板。敷铜板的整个板面上通过热压等工艺贴敷着一层铜箔。

2）印制电路（Printed Circuit）

覆铜板被加工成印制电路板时，许多覆铜部分被蚀刻处理掉，留下来的那些各种形状的铜膜材料就是印制电路，它主要由印制导线和焊盘等组成，如图 5-20 所示。

图 5-20 印制电路板图

其中，印制导线（Conductor）用来形成印制电路的导电通路；焊盘（Pad）用于印制板上电子元器件的电气连接、元件固定等；过孔（Via）和引线孔（Component Hole）分别用于不同层面的印制电路之间的连接以及印制板上电子元器件的定位。

2. 印制板的种类

印制板根据其基板材质刚、柔强度不同，分为刚性板、挠性板以及刚挠结合板，又根据板面上印制电路的层数分为单面板、双面板以及多层板。

（1）单面板（Single - sided）

单面板是仅一面上有印制电路的印制板。这是早期电路（THT 元件）才使用的板子，元器件集中在其中一面——元件面（Component Side），印制电路则集中在另一面上——印制面或焊接面（Solder Side），两者通过焊盘中的引线孔形成连接。单面板在设计线路上有许多严格的限制，如布线间不能交叉而必须绕独自的路径。

（2）双面板（Double - Sided Boards）

双面板是两面均有印制电路的印制板。这类的印制板，两面导线的电气连接是靠穿透整个印制板并金属化的通孔（through via）来实现的。相对来说，双面板的可利用面积比单面板大了一倍，并且有效地解决了单面板布线间不能交叉的问题。

（3）多层板（Multi - Layer Boards）

多层板是由多于两层的印制电路与绝缘材料交替黏结在一起，且层间导电图形互连的印制板。如用一块双面作内层、两块单面作外层，每层板间放进一层绝缘层后黏牢（压合），便有了四层的多层印制板。板子的层数就代表了有几层独立的布线层，通常层数都是偶数，并且包含最外侧的两层。比如大部分计算机的主机板都是 4 ~ 8 层的结构。目前，技术上已经可以做到近 100 层的印制板。在多层板中，各面导线的电气连接采用埋孔（buried via）和盲孔（blind via）技术来解决。

3. 印制板的安装技术

印制电路板的安装技术可以说是现代发展最快的制造技术，目前常见的主要有传统的通孔插入式和代表着当今安装技术主流的表面黏贴式。

（1）通孔插入式安装技术（Through Hole Technology，THT）

通孔插入式安装也称为通孔安装，适用于长引脚的插入式封装的元件。安装时将元件安置在印制电路板的一面，而将元件的引脚焊在另一面上。这种方式要为每只引脚钻一个洞，其实占掉了两面的空间，并且焊点也比较大。显然这一方式难以满足电子产品高密度、微型化的要求。

（2）表面黏贴式安装技术（Surface Mounted Technology，SMT）

表面黏贴式安装也称为表面安装，适用于短引脚的表面黏贴式封装的元件。安装时引脚与元件是焊在印制电路板的同一面。这种方式无疑将大大节省印制板的面积，同时表面黏贴式封装的元件较之插入式封装的元件体积也要小许多。因此，SMT 的组装密度和可靠性都很高。当然，这种安装技术因为焊点和元件的引脚都非常小，要用人工焊接确实有一定的难度。

5.2.3 Protel 99se PCB 设计

1. 印制电路板图设计流程

印制电路板图设计流程如图 5-21 所示，下面简要介绍印制电路板图设计流程中的各个步骤。

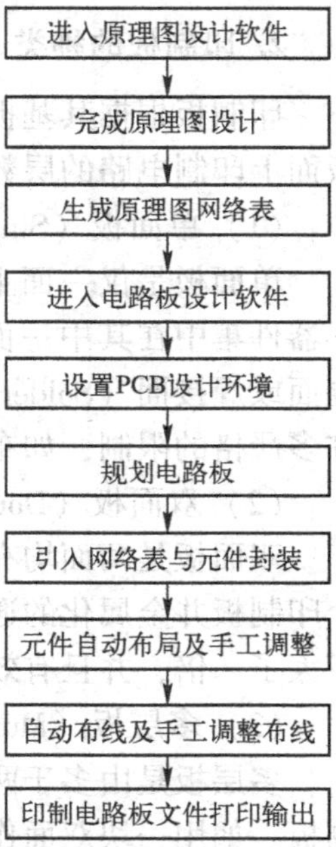

图 5-21 PCB 设计流程

（1）绘制原理图

这一阶段主要完成电路原理图的绘制，包括生成网络表等。

（2）规划电路板

在设计电路板之前，用户要对电路板有一个初步的规划，如电路板采用的物理尺寸，采用电路板的层数，是单面板还是双面板，各元件采用的封装形式及安装位置等。

（3）设置参数

参数的设置是电路板设计的重要步骤，主要是设置元件的参数、板层、布线规则等。

（4）装入网络表及元件

网络表是进行电路板图自动布线的灵魂，也是电路原理图设计系统与印制电路板图设计系统的接口。只用将网络表载入后，才能完成对电路板的自动布线。网络表是由电路原理图执行有关命令后自动生成的。元件的封装就是元件的外形，对于每个装入的元件必须有相应的外形封装，才能保证电路板布线的顺序进行和在生产中元件的安装位置和板上焊点位置的一致。

（5）元件的布局

元件的布局可以由Protel 99se 自动完成。将规划好的电路板装入网络表后，用户可以让程序自动装入元件，并自动将元件布置在电路板边框内。Protel 99se 也可以让用户手工布局。只有元件布局合理，下一步的布线工作才能顺利进行。

（6）自动布线

Protel 99se 采用五网络、基于形状的对角线自动布线技术，将有关参数设置得当，元件合理布局，自动布线的成功率接近 100%。

（7）手工调整

自动布线结束后，可能存在一些令人不满意的地方，需要手工调整。

（8）文件保存及输出

完成电路板的布线后，保存完成的电路板图文件，然后利用各种图形输出设备，如打印机和绘图仪输出电路板的设计图。

2. Protel 99se PCB 设计

（1）建立 PCB 图文档

选取菜单【File】/【New】，打开【New Document】对话框（见图 5-22），选取 PCB Document，建立一个新的 PCB 图文档。

（2）准备原理图和网络表

Advance Schematic 除了可产生原理图以外，将原理图转化成各种报表文件也是它的一个任务。报表相当于电路原理图的档案，它存放了原理图的各种信息，如原理图上各个元件的名称、引脚、各元件引脚之间的连接情况等。报表文件包括网络表、元件列表、层次列表、交叉参考列表、元件引脚列表、网络比较列表和 ERC 列表等。在各种报表中，以网络表（Net List）最为重要。

产生网络表可以通过菜单命令【Design】/【Create Netlist】来进行。执行该命令后将打开【Netlist Creation】对话框，该对话框又包括【Preferences】和【Trace Options】两个选项卡，分别如图 5-23 和图 5-24 所示，进行相应的设置，单击【OK】按钮，系统将产生一个对应于电路原理图的网络表，如图 5-25 所示。

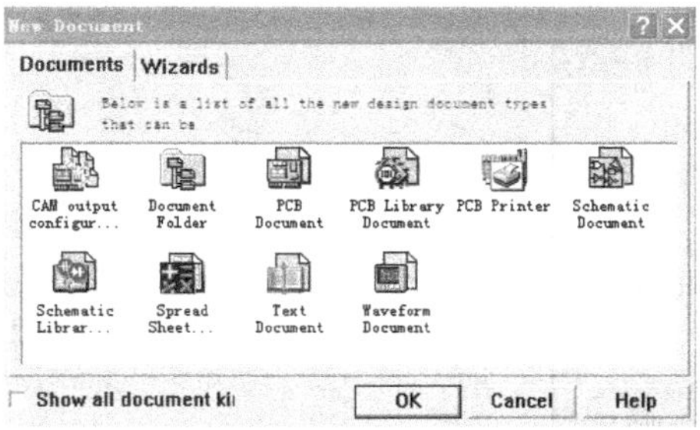

图 5-22　选择新 PCB 图文档

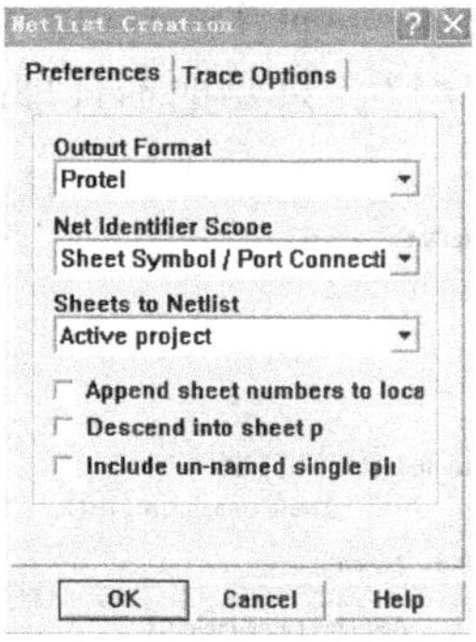

图 5-23　【Preferences】选项卡

(3) 装入网络表与元件封装库

根据电路图中元件的种类，将其所在的元件封装库装入。执行菜单命令【Design】/【Add】/【Remove library】，在弹出的【添加、删除元件库】对话框中，找出电路原理图中的所有元件所对应的元件封装库。选中这些库，单击【ADD】按钮，即可添加这些元件库。在设计 PCB 时，常用到的元件封装库有 Advpvb、Transistors 等。添加完电路的所有元件封装库后，单击【OK】按钮即完成该项操作。

装入网络表是为了实现用所设计的电路原理图完成 PCB 板的自动设计。执行菜单命令【Design/Load Nets】，系统就会弹出装入网络表与元件对话框，如图 5-26 所示。

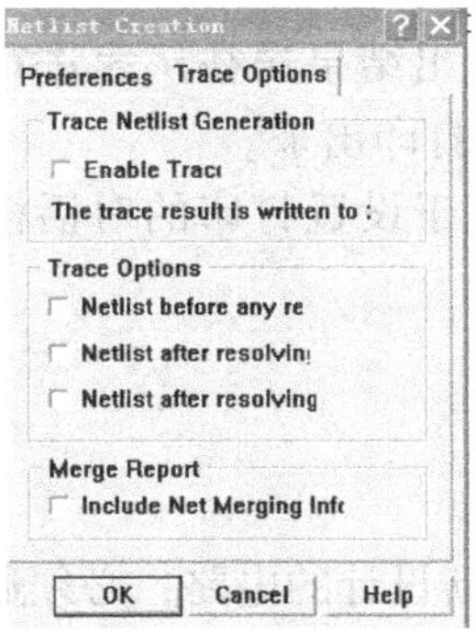

图 5-24　【Trace Options】选项卡

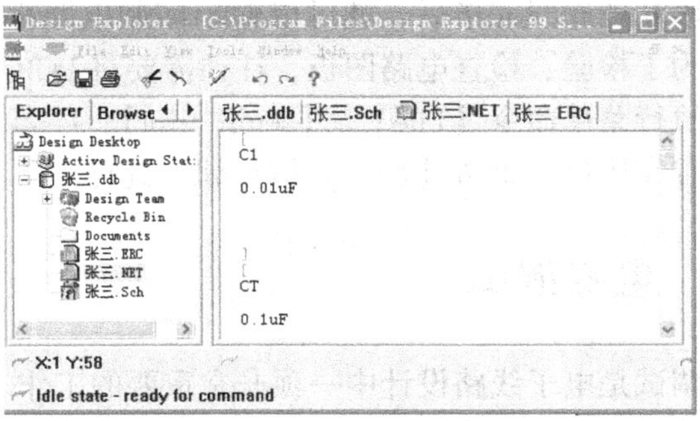

图 5-25　电路图生成的网络表

(4) 布局设计

Protel 99se 可以自动布局，也可以进行手工布局。如果进行自动布局，选择菜单命令【Tool】/【Auto Place】。布线的关键是布局，多数设计者采用手动布局的形式。用鼠标选中一个元件，按住左键不放，拖住这个元件到目的地，放开左键，将该元件固定。**Protel** 99se 在布局方面新增加了一些技巧。新的交互式布局选项包含自动选择和自动对齐。使用自动选择方式可以很快地收集相似封装的元件，然后旋转、展开和整理成组，就可以移动到板上所需位置。当简易的布局完成后，使用自动对齐方式可整齐展开或缩紧一组封装相似的元件。

(5) 布线设计

选择菜单命令【Auto Route】/【All】，电脑将开始按照布线规则自动布线。如果元件的位置排列得很合理，电脑很快就能布线完毕。

对于电脑自动布出的线，有些可能不是很合理，这时要进行手工修改。执行【View】/【Toolbars】/【placement Tools】命令，打开放置工具栏，如图 5-27 所示，单击工具栏中的放置导线图标"r⁽"，只要把不合理的线重新画一遍，旧的线条就会自动消失。

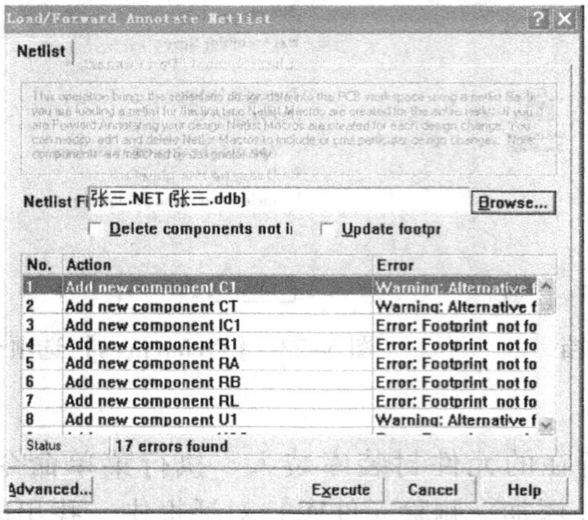

图 5-26　装入网络表与元件对话框

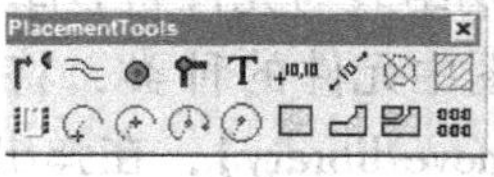

图 5-27　放置工具栏

(6) PCB 图的检查和打印

PCB 图的设计是一项实践性很强的工作，尽管 Protel 99se 为用户提供了强大的功能，也还是需要反复操作才能掌握设计技巧，对电路原理图的深刻理解会有助于进行 PCB 图的设计。

PCB 图布线完毕后，就可以输出印制电路板图，并将输出结果送往厂家进行制板。设计者为了检验、检查电路图板，往往需要将 PCB 图用打印机打印出来。

执行菜单命令【File】/【setup print】，屏幕上会出现关于设置打印的对话框，打印参数设置完毕后，单击【Print】按钮即可进行打印。

5.3　电路调试

调试是电子线路设计中一项非常重要的工作。对于一个新设计的电路，必须通过组装后的测试和调整，才能发现问题、排除电路故障或修改电路参数，使设计的电路达到规定的技术指标要求。

实验调试的常用电子仪器有：直流稳压电源、万用表、示波器、信号发生器和扫频仪等。

5.3.1　电路的调试方法

1. 检查电路的连接

在电路的连线接完后，首先必须对照电路图仔细检查电路连线，如各晶体管或集成块的引脚是否插对了，是否有漏线和错线，特别要检查电源与地线是否有短路现象。

2. 分块调试

通常按照总体组成框图分块进行调试，一般按照电路中信号的流向，从“源”（包括供电电源、传感器信号源或电路中的振荡信号源）开始，分块安装与调试，在分块调试的基础上逐步扩大安装与调试的范围，最后完成整个电路的调试。具体步骤如下；

（1）直接观察。在检查电路连线无误后，首先在空载（即切断该电源的所有负载）的情况下，调好所需要的电源电压，然后给电路通电。此时要观察电路中有无异常现象，包括冒烟、有异常气味、用手触摸元器件发热、电源短路等，如果有，应立即关断电源，待排除故障后，才可重新通电。

（2）静态测试。先去掉输入信号，并将电路的输入置零，用万用表测量电路的 Vcc 与地之间的电压，测量电路的静态工作点是否符合要求。

（3）动态调试。在输入端加入一个适当频率和幅值的信号，按信号流向用示波器观测电路各测试点波形（包括幅值、相位、波形、时序关系等）是否符合要求。

测试完毕后，要将静态和动态测试结果与设计指标加以比较，经过分析后再调整电路参数，使之达标。

3. 整机联调，测试技术指标

有时，单元电路工作正常，整机电路的工作却不正常。主要原因是没有进行逐级连接与调试，一般先将两级电路进行级联、调试，使这两级电路的技术指标达到设计要求；再将下一级与前两级进行级联、调试。使这三级的技术指标达到设计要求。如此类推，直到整机电路调试完成。

整机电路工作正常后，要测试整机的全部性能指标，并与设计要求进行对比，找出问题，然后进一步修改、调整电路的参数，直到完全符合设计要求为止。

注意使用示波器测试电路的波形时，最好把示波器的信号输入方式置于“直流”耦合档，这样可以同时观察到被测信号的交直流成分。

5.3.2　检查电路故障的常用方法

在保证供电正常的情况下，查找电路故障可以采用以下方法。

1. 替代法

用已经调整好的单元电路代替有故障或有疑问的相同的单元电路，这样可以很快判断出故障原因是在单元电路本身，还是在其他的单元或连接线上。当发现某一局部电路有问题时，应先检查该部分的连线，当确认无误后再更换元器件。

2. 对比法

将有问题电路的状态、参数与相同正常电路进行逐项对比，从中找出电路中不正常情况，进而分析故障原因，判断故障点。

3. 对分法

把有故障的电路对分为两个部分，可检查出有问题的那一部分而排除另一部分无故障的电路。然后再对有故障的部分进行对分检测，直到找出故障点为止。

以上仅仅列举了三种常用的查找电路故障的方法。调试电路时，往往要综合应用各种方法，才能排除故障。

5.3.3 调试中的注意事项

在调试电路的过程中，应注意以下几点：

（1）测试前，要熟悉电路的工作原理和各项技术指标的测试方法。

（2）仪器的信号线与地线的连接要正确。或许有人会说：实验中测量的是交流信号，可以不分正、负，因此测量仪器的信号线与地线也可以不分（任意接）。这种想法是错误的，这样做会导致测量结果错误，如图 5-28 所示。设测量仪器是示波器或者电压表，其输入阻抗是 R_i，被测电压是 V_o，其对地的电阻是 R_o，采用图 5-28a 所示的连接方法，测得对地电压是 v_o，测量仪器与被测电路的连接是正确的。如果测量仪器的信号线与地线接反，如图 5-28b 所示，则被测电路的地线相对于测量仪器来说是悬浮的。此时被测电路对地会产生分布电容 C_x，仪器测得的实际电压如图 5-28c 所示。由于分布电容产生的电压 v_x 对被测电压 V_o 的幅度和相位都会产生影响，从而导致测量结果错误。特别是随着信号频率的升高，测量结果的错误就会越来越严重。因此，切不可将仪器的信号线与地线接反。

（3）测量电压时，所用仪器的输入阻抗必须远大于被测处的等效阻抗。因为，若测量仪器输入阻抗小，则在测量时会引起分流，给测量结果带来很大误差。

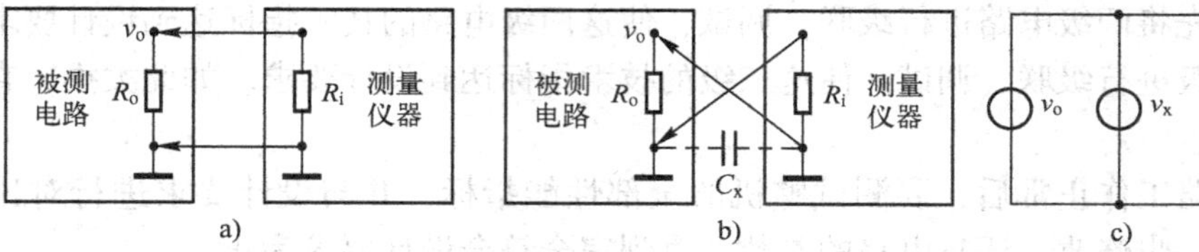

图 5-28 仪器的信号线和电路的连接

a）正确连接 b）错误连接（信号线与地线接反） c）错误连接（测量结果错误）

（4）测量仪器的带宽必须大于被测电路的带宽，否则，测试结果就不准确。

（5）测量方法要方便可行。例如，在测量 PCB 上某支路的电流时，可以通过测取该支路上某电阻两端的电压，经过换算而得到。若用电流表测电流就很不方便。

（6）调试过程中，不但要认真观察和测量，还要认真做好记录。记录的内容包括实验条件、观察的现象、测量的数据、波形和相位关系等。只有有了大量可靠的实验记录并与理论结果加以比较，才能发现大量设计上的问题，完善设计方案。

（7）调试时出现故障，要认真查找故障原因，仔细分析判断。切不可一遇到故障就拆掉线路重新安装，因为重新安装的线路仍可能存在各种问题。如果是原理上的问题，即使重新安装也解决不了问题。应当把查找故障，分析故障原因，看成一次好的学习机会，通过它来不断提高自己分析问题和解决问题的能力。

参 考 文 献

[1] 李桂安，葛年明，周泉．电子技术实验及课程设计[M]．南京：东南大学出版社，2008.

[2] 谭爱国，沈易，顾秋，等．模拟电子技术实验及综合设计[M]．西安：西安电子科技大学出版社，2013.

[3] 李文联，李杨．模拟电子技术实验[M]．西安：西安电子科技大学出版社，2013.

[4] 罗杰，谢自美．电子线路设计·实验·测试[M]．4 版．北京：电子工业出版社，2009.

[5] 徐瑞萍，谢松，李会方，等．模拟电子技术仿真与实验[M]．西安：西北工业大学出版社，2007.

[6] 李进，赵文来，陈秋妹．电子通信综合实训教程[M]．北京：机械工业出版社，2012.

[7] 王淑娟，蔡惟铮，齐明．模拟电子技术基础[M]．北京：高等教育出版社，2009.

[8] 朱定华，黄松，蔡苗．Protel 99 SE 原理图和印制板设计[M]．北京：清华大学出版社，2007.

[9] 张金．电子系统设计基础[M]．北京：电子工业出版社，2011.

[10] 郭宏．电子技术实验教程[M]．哈尔滨：哈尔滨工程大学出版社，2010.